Faktor Mensch

Das Querdenkerbuch zur Optimierung der „Personalführung“

Ulrike A. S. Heise

C.H.BECK

So nutzen Sie dieses Buch

Die folgenden Elemente erleichtern Ihnen die Orientierung im Buch:

Beispiele und Übungen

In diesem Buch finden Sie zahlreiche Beispiele und Übungen, die die geschilderten Sachverhalte veranschaulichen.

! Die Merkkästen enthalten Empfehlungen und hilfreiche Tipps.

Checkliste

✓ Die Listen fassen wichtige Punkte für Sie zusammen.

Tipp/Hinweis:

Hier finden Sie zahlreiche Tipps und Hinweise.

Auf den Punkt gebracht

Am Ende jedes Kapitels finden Sie eine kurze Zusammenfassung des behandelten Themas.

Inhalt

Der größte Selbstbetrug von Unternehmern:
Wer glaubt, dass nicht mal ein Blatt zwischen ihn und seinen treuen und überaus loyalen Mitarbeiter passt, erfährt, dass gerade dieser das Kündigungsblatt dazwischenschiebt und damit der Einseitigkeit ein planbares Ende setzt. Für die Firma hingegen erneut eine nicht kalkulierbare Überraschung.

Die abhandengekommene Fürsorgepflicht und die Suche nach den verantwortungsbewussten Führungskräften

Es gibt viel Literatur, die das Thema Motivation und Demotivation von Mitarbeitern analysiert und diskutiert. Viele Autoren philosophieren seitenlang und definieren dabei gern englische Begriffe neu oder empfehlen dem Leser, den Urschrei in der Gruppe zu üben, um Aggressionen im Team abzubauen, oder die Teamdynamik zu verstärken, indem „Bio-Bäume" gemeinsam umarmt oder virtuelle Brücken gebaut werden sollen. Dieser ganze „Bio-Piep-Piep-Wir-haben-uns-lieb-Kram" kann Ihnen und Ihren Mitarbeitern erspart werden, indem Sie die Dinge einfach auf den Punkt bringen und den „Faktor Mensch" so betrachten, wie er wirklich ist – und nicht, wie Sie ihn gern hätten. Das Geheimnis jedes Unternehmenserfolgs liegt ganz simpel „nur" in der gegenseitigen Zufriedenheit, Verbundenheit und Loyalität zwischen Arbeitgeber und Arbeitnehmer. Ein Unternehmen, das einen soliden und beständigen Erfolg haben möchte, muss alles dafür tun, damit eine vertrauensvolle, loyale, freundliche, respektvolle Arbeitsatmosphäre entsteht und erhalten bleibt. Das wünschenswerte Ergebnis: Alle Mitarbeiter kommen gern zur Arbeit und tragen dazu bei, dass es dem Betrieb gut geht. Geht es der Fima gut, geht es auch den Arbeitnehmern gut – und umgekehrt.

In vielen Unternehmen ist aber die „Fürsorgepflicht" der Chefs für ihre Mitarbeiter abhandengekommen. Schon aus dem Grund, weil viele Vorgesetzte gar nicht wissen, was die Fürsorgepflicht ist und/oder bedeutet oder dass sie überhaupt eine solche haben. Dabei ist die Fürsorgepflicht sogar im BGB §§ 617 bis 619 geregelt und somit bindend für jeden Arbeitgeber: Der Arbeitgeber ist demnach „(...) gehalten, Arbeitsbedingungen zu schaffen, die jeden Beschäftigten vor Gefahr für Leib, Leben und Gesundheit schützen (...). Der Arbeitgeber hat sich im Rahmen des Arbeitsverhältnisses auch um den Schutz anderer Rechtsgüter des Arbeitnehmers wie Ehre, Eigentum, Gleichbehandlung (...)" zu kümmern.[1]

In der Realität sehen sich viele Mitarbeiter jedoch mit den verschiedensten Formen von „Psychoterror" oder „Mobbing" konfrontiert, welche die Gesundheit des Arbeitnehmers immens gefährden. Psychische Erkrankungen können das Resultat sein, die wiederum zu körperlichen Erkrankungen führen können. Rund ein Drittel der Fehlzeiten aufgrund psychischer Erkrankungen entstehen wegen Depressionen[2]: Die Zahl der Arbeitsunfähigen aufgrund von Depressionen hat sich seit dem Jahr 2000 mehr als verdoppelt.[3] Wobei Mobbing nicht unbedingt nur von den Kollegen ausgeht, sondern oft aufgrund unterschiedlicher Anlässe gezielt von Chefs angewendet oder durch ihr Verhalten gefördert wird.

Die Fürsorgepflicht wird häufig von Arbeitgebern einfach vernachlässigt. Konsequenz: Im Unternehmen entstehen unnötige Kosten (hohe Fluktuations- und Krankheitsraten der Mitarbeiter) und ein schlechtes Arbeitsklima, aufgrund dessen viele Kunden ausbleiben und dem Unternehmen ein immenser wirtschaftlicher Schaden (bis hin zum Konkurs) zugefügt wird. Was unfair ist gegenüber allen Arbeitnehmern, da ihre Arbeitsplätze aufgrund des Verhaltens von wenigen in Gefahr gebracht werden.

Hinzu kommt, dass Führungsverantwortliche manchmal unverhofft zu Personalverantwortung kommen - wie die Mutter zum Kind, weil häufig die beste Fachkraft befördert wird. Man glaubt, es genüge, dass sie sich mit ihren „Kollegen" gut versteht; die „Kumpel-Sprache reiche schon" und die Zuarbeit „passt schon!". Falsch gedacht: Mitarbeiterführung bedeutet, sehr viel Verantwortung zu tragen für die Firma, für das Team, für die Kunden, aber auch für sich selber. Eine Führungskraft muss den Zielen der Unternehmung, den Bedürfnissen des Teams und den Wünschen der Kunden nachkommen. Entsprechend notwendig sind Zielvereinbarungen mit den Mitarbeitern. Spätestens jetzt wird erkannt, dass das „Kumpelsein" plötzlich neue Interpretationsformen bekommt. Die „Kumpelsprache" wird eher ein Hindernis als ein Vorteil. Es gilt, sie auszutauschen durch die „Sprache der Argumentationen" – der Führungssprache. Die Führungssprache beinhaltet auch das „Neinsagen" und konkrete Konsequenzen (Provisionskürzung, Abmahnung, Kündigung).

Eine Führungskraft in Deutschland muss oft ertragen, dass der Weg nach oben einsamer wird und dass es missgünstige Menschen gibt. Sie muss aushalten können, dass das „integrative Stuhlsägen" oder Politikbetreiberspiel noch immer voll im Trend sind, solange „die Egomanie des Menschen“, das latente Unzufriedensein und Meckern auf hohem Niveau gesellschaftstauglich bleibt. Veränderung diesbezüglich ist nicht in Aussicht.[4]

Eine verantwortungsbewusste Führungskraft sein zu wollen bedeutet, dass „Learning by doing the Job“ nicht ausreicht, sondern das regelmäßige Lesen (z. B. Fachliteratur, Branchenwissen, Zeitung) und das Lernen (z. B. Innovationen, (Trend-) Entwicklungen, fachbezogene Weiterbildung) notwendig sind. Außerdem sind ein objektives Wahrnehmungsvermögen über das eigene Handeln, ein Verständnis für die Menschen (wissen und akzeptieren wer die Mitarbeiter sind) und die Fähigkeit Entscheidungen treffen zu können, notwendig. –Und nicht nur beim Eintritt der Führungsebene, sondern kontinuierlich bis zum Austritt (Pension).

Auf den Punkt gebracht

„Wer die Menschen behandelt, wie sie sind, macht sie schlechter, wer die Menschen behandelt, wie sie sein könnten, macht sie besser.“

Johann Wolfgang von Goethe

Die vier goldenen Regeln bei der Mitarbeiterführung und Mitarbeiterauswahl

Wie im vorherigen Abschnitt dargelegt, ist die Schwierigkeit bei der richtigen Unternehmensführung nicht die Generierung des wirtschaftlichen Erfolges (vorausgesetzt, der

Kundenbedarf ist gegeben), sondern die Hauptschwierigkeit liegt stets beim Faktor Mensch. Die Generierung des maximalen wirtschaftlichen Erfolges ist ohne die Arbeitnehmer (Faktor Mensch) nicht machbar. Nur wenn der Faktor Mensch richtig zum Einsatz kommt, kann ein überdurchschnittlicher Gewinn erwirtschaftet werden. Aber der „Faktor Mensch" spielt nicht nur bei den Arbeitnehmern, sondern auch beim Geschäftsführer, bei den Vorständen oder selbst bei dem Firmengründer eine große Rolle und muss immer im gesamtunternehmerischen Kontext betrachtet werden.

In der englischen Sprache wird „Arbeitskraft" mit „Human Resource" übersetzt. Wörtlich übersetzt würde dies „menschliches Mittel" bedeuten. Die englische Sprache drückt damit ehrlicher das Bestreben der Wirtschaft aus, „das Arbeitsmittel Mensch" als planbares und damit als „berechenbares/kalkulierbares Mittel" einzusetzen. Da wir Menschen aber Emotionen und Launen besitzen, bleibt jeder von uns ein Individuum, das der Mensch gern entschlüsseln will oder eben „berechenbarer" machen möchte. Das erklärt vielleicht auch, warum die Menschen schon immer versucht haben, sich selbst zu klassifizieren beziehungsweise sich einzuordnen in sogenannte „Menschtypen" (zum Beispiel Eingruppierung in Sternzeichen[5]). Der Wunsch, Dinge auf einen Nenner zu bringen, planbar zu machen, zu vereinfachen, indem pauschalisiert wird, ist auch ein Grund für die Erfindung der Sprichwörter (Binsenweisheiten), die komischerweise auf circa 95 % der Bevölkerung zutreffen.

1. und 2. goldene Regel

Eine der wichtigsten goldenen Regeln bei der Mitarbeiterführung und Mitarbeiterauswahl lautet:

> „Die Mitarbeiter und Bewerber so behandeln, wie Sie selber behandelt werden möchten." **!**

Die zweitwichtigste goldene Regel:

> „Dem Gegenüber stets den größten Respekt erweisen, indem man ihm zuhört!" **!**

Oder wie Calvin Coolidge[6] gesagt hat: „Zuhören können ist der halbe Erfolg!"

Wenn Sie die beiden „goldenen Regeln", die definitiv „Binsenweisheiten" sind, in der Vergangenheit bewusst angewendet haben, dann haben Sie bereits intuitiv viel richtig gemacht. Aber die Erfahrung zeigt leider, dass wir zwar die sogenannten Binsenweisheiten alle kennen, aber in der Regel vergessen, sie anzuwenden, oder eben nicht bewusst danach (versuchen zu) leben. Doch manchmal fallen uns diese Binsenweisheiten wieder ein, und wenn wir sie für ein paar Tage bewusst anwenden, erscheint uns plötzlich vieles einfacher. Vor diesen Hintergrund erlaube ich mir, Sie an folgende weitere, oft „vergessene" oder kaum beachtete (bzw. „gelebte") Binsenweisheiten zu erinnern, die aber für den Unternehmenserfolg sehr hilfreich sein können:

- Geht es der Firma gut, geht es mir auch gut.
- Sie sind nur so gut wir Ihr Team ist.
- Jeder Mitarbeiter ist nur so gut wie sein Vorgesetzter.
- Die Unternehmensphilosophie/-kultur muss von oben nach unten gelebt werden.
- Alles, was im Unternehmen passiert, fällt auf die Geschäftsführung zurück.

Vordergründiges Ziel sollte stets sein, eine möglichst geringe Mitarbeiterfluktuation zu haben und nicht die sehr kostspielige „Hire-and-Fire-Methode" zu praktizieren oder (aus Versehen) zu fördern. In der Regel braucht die Einarbeitung eines Mitarbeiters circa drei bis sechs Monate (in Bezug auf Wissen und Können) bis der Mitarbeiter „selbstständig laufen" kann. Die Einarbeitung kostet also Zeit, Geld und unter Umständen auch Nerven, die aber als Investition in die Unternehmenszukunft zu betrachten sind. Vorausgesetzt, es wurde in die richtige Person investiert.

Im Übrigen: Ein absolut zufriedener Durchschnittsbürger geht von sich aus nicht auf Jobsuche, wenn er die ihm zustehende Anerkennung (Wertschätzung) erhält, ihm die Arbeit Spaß macht, Zukunftsperspektiven aufgezeigt werden und die Bezahlung angemessen ist. Diese Theorie unterstreicht das Motivationsforschungsinstitut Tendence mit seiner Befragung von 7200 Fachkräften mit ein bis acht Jahren Berufserfahrung, womit sie die „Gründe für einen angestrebten Arbeitgeberwechsel"[7] herausfinden wollten:

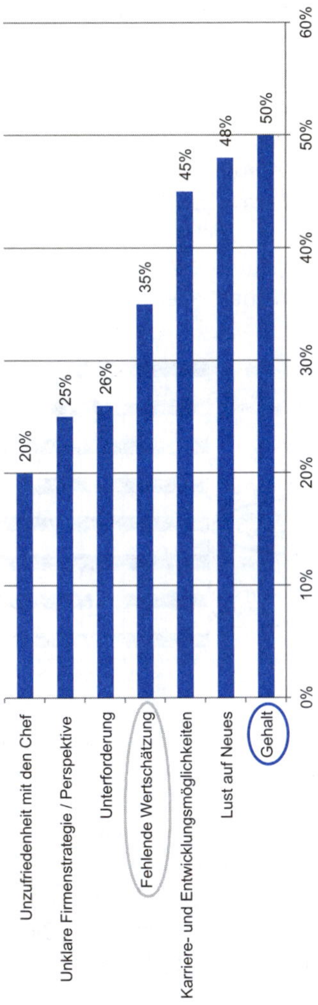
Unzufriedenheit mit den Chef
Unklare Firmenstrategie / Perspektive
Unterforderung
Fehlende Wertschätzung
Karriere- und Entwicklungsmöglichkeiten
Lust auf Neues
Gehalt
20%
25%
26%
35%
45%
48%
50%
0%
10%
20%
30%
40%
50%
60%

50 % geben an, dass Geld der ausschlaggebende Grund für einen Jobwechsel ist, 45 % scheinen sich nicht gefordert zu sehen oder können für sich keine Zukunftsperspektiven erkennen. Und 35 % der Befragten geben fehlende Wertschätzung ihrer Arbeit an. Das hat zur Konsequenz, dass Fachkräfte durchschnittlich nur noch circa 1,4 Jahre in einem Unternehmen bleiben.[8] Das Bundesministerium für Arbeit und Soziales hat die gleiche Frage in abgewandelter Form gestellt: „Welche berufliche Verbesserung oder Veränderung haben Sie sich von einem Wechsel versprochen?"

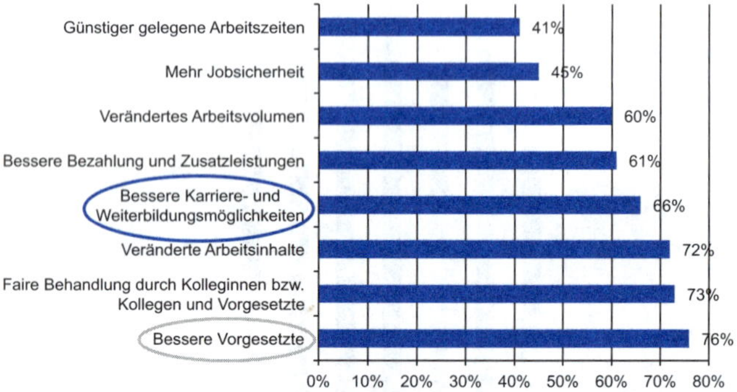

Bei Tendence wurden Fachkräfte befragt, die einen Jobwechsel planen. Das Bundesministerium für Arbeit und Soziales hat „Personalverantwortliche deutscher Betriebe mit mindestens 50 sozialversicherungspflichtigen Beschäftigten und Beschäftigte aus einem Großteil dieser Betriebe befragt, die einen Jobwechsel bereits vollzogen haben.[9]" Die Befragung dieser beiden unterschiedlichen Zielgruppen erklärt das auf den ersten Blick scheinbar kontroverse Ergebnis (im

Gegensatz zum Bundesministerium für Arbeit und Soziales war bei der Befragung von Tendence anscheinend eine Mehrfachangabe möglich): Die Fachkräfte, die einen Jobwechsel anstreben, wünschen sich eine bessere Bezahlung. Und bei Arbeitnehmern, die den Job bereits gewechselt haben, spielt nach dem Jobwechsel die Bezahlung im Anschluss nur eine untergeordnete Rolle und das Verhältnis zum Vorgesetzten wurde ihnen wieder wichtiger. Eigentlich keine Überraschung, da der Jobwechsel (hoffentlich) die versprochene Gehaltserhöhung mit sich gebracht hat. Arbeitnehmer, die unzufrieden sind mit ihrem Job, tendieren dazu, das Einkommen als „Schmerzensgeld" zu betrachten. Daher rückt der Wunsch nach mehr Geld auf Platz 1 in der Bewerbungs- und Arbeitsvertragsphase. Im Umkehrschluss spielt die Zufriedenheit mit der Arbeit (Betriebsklima, persönlicher Kontakt zu Kollegen und Chef, etwas bewegen können) eine große Rolle für die Verbundenheit des Arbeitnehmers zu dem Unternehmen.

Jack Welch, CEO von 1981 bis 2001 bei General Electric, empfahl: „Man muss aus seinem Unternehmen den aufregendsten Ort der Welt machen."[10] Ein guter und kluger Weg, seine Kunden, aber auch seine Mitarbeiter an sich zu binden, da die guten Mitarbeiter jederzeit eine neue und spannende Herausforderung finden werden, während die nicht (so) guten Mitarbeiter bleiben (müssen). Diese Tatsache hat im Zuge des Fachkräftemangels eine ganz neue Bedeutung gewonnen. Zuvor war der Wirtschaft eine gewisse planbare und gewünschte Fluktuation recht, um immer wieder „frischen Wind" in das Unternehmen zu bekommen. Heute kann das Ausscheiden von Mitarbeitern hingegen sogar katastrophale Auswirkungen auf das Unternehmen haben, da die Stellen sich nicht mehr so einfach nachbesetzen lassen. Es stellt sich die große Frage: Wie können die guten Mitarbeiter überhaupt noch gefunden werden? Zuvor stellt sich aber eine viel wichtigere Frage: Wer soll die richtigen Mitarbeiter überhaupt finden?

Es ist sinnlos, wenn eine nicht fachbezogene Person die richtige Fachkraft sucht, da sie sich nicht in dem Fachgebiet auskennt und somit die Bewerberqualifikationen nicht richtig einstufen kann. Die Personalabteilung sollte deswegen prinzipiell die Stellen ausschreiben und koordinieren, aber das Stellen- und Anforderungsprofil von den Fachabteilungen erstellen lassen und die Bewerberauswahl zusammen mit dem Vorgesetzten der jeweiligen Abteilung durchführen. Falsch ist, dass in der Regel die Personalabteilung die Vorauswahl der Bewerber trifft und diese dann den Fachführungskräften vorlegt. Hintergrund: Zum einem sind die Zeiten bei vielen Berufsgruppen schon lange vorbei, als mit sehr vielen Bewerbungseingängen zu rechnen war (30 Bewerbungseingänge sind in der Regel inzwischen richtig viel für den „ungebrandeten" Mittelstand). Zum anderem muss die Fachführungskraft die Verantwortung für ihr Teammitglied übernehmen und für dessen „Wohlergehen" sorgen. Die Wertschätzung der Führungskraft für den Bewerber wird dadurch gesteigert, wenn der Führungskraft bekannt ist, was sich sonst auf dem Bewerbermarkt „tummelt", und sie erkennt, wie wenige potenzielle Bewerber sich überhaupt beworben haben. Das Gleiche gilt bei der Einstellung des Bewerbers. Die Wertschätzung, einen guten Mitarbeiter gefunden zu haben, wird dadurch automatisch erhöht. Genauso die Sorge, den guten Mitarbeiter wieder zu verlieren. Achtung: Nicht jede Führungskraft hat wirklich die Befähigung zur Mitarbeiterauswahl oder das richtige Gespür für Menschen in Bezug auf die richtige Auswahl.

Die meisten mittelständischen Unternehmer, die Mitarbeiter suchen, meinen oft, dass sie jetzt den perfekten Menschen, der wie der Schlüssel in das Schloss passt, finden müssen. Nach langer Suche sind sie dann ganz überrascht, dass es diesen einzigartigen Menschen offensichtlich nicht gibt. Hinzu kommt die überaus altmodische und absolut nicht zeitgemäße Annahme, dass der Bewerber sich um die Gunst des Unternehmens zu bemühen habe. Für diese Unternehmen ist nicht nachvollziehbar, dass ein potenzieller Arbeitnehmer es „wagen kann", seine Wünsche und Erwartungen an das Unternehmen bereits im Vorstellungsgespräch kundzutun. Das blanke Entsetzen macht sich spätestens in der Führungsetage bemerkbar, wenn der Bewerber auch noch „wagt, zu fragen", was das Unternehmen ihm, dem Arbeitnehmer, bieten könne. Oft fällt es Führungskräften solcher Unternehmen schwer, sich vorzustellen, dass sie selber älter werden (wie der Bewerber > 50 Jahre) und sich ohne eigenes Verschulden auf Jobsuche begeben müssen.

Erst wenn unsere Klienten (meist sind diese dann < 45 Jahre) in der Rolle des Bewerbers Platz nehmen, werden sie offener gegenüber älteren Bewerbern und geben ihnen eher die Chance, sich bei ihnen vorzustellen. Meist fällt dann sogar die Wahl auf die Älteren, da ihre langjährige Praxiserfahrung und die Persönlichkeit, die erst mit den Jahren heranreift, unter Umständen einen weiteren Mehrwert für das Unternehmen mit sich bringen. Die älteren Arbeitssuchenden sind oft viel dankbarere Mitarbeiter, weil man ihnen noch eine „zweite Chance" gegeben hat. Sie haben keinerlei Probleme mit einem Vorgesetzten, der eventuell jünger ist als sie. Es sind in der Regel durchweg hochmotivierte und kompetente Mitarbeiter. Meist sind sie auch bereit, Gehaltseinbußen in Kauf zu nehmen, sodass sich auch ein mittelständisches Unternehmen eine erfahrene Arbeits-/Führungskraft „leisten kann". Hinzu kommt, dass die sogenannte Generation X (geboren im Zeitraum 1961 und 1980)[11], die Generation Y (geboren im Zeitraum 1980 und 1994) und die Generation Z (geboren nach 1995) nicht die geburtenstärksten Generationen sind und somit schon zwangsweise auf die „Alten", die „Baby-Boomer-Generation" (geboren circa im Zeitraum 1945 bis 1964) zurückgreifen muss, um den Arbeitnehmermangel ausgleichen zu können. Die Erwerbstätigenquote von 55 bis 64 Jahre alten Arbeitnehmern ist auf 65 % angestiegen.[12] Der Anteil der erwerbstätigen 65- bis 70jähigen hat sich nach Angaben des Statistischen Bundesamtes in zehn Jahren mehr als verdoppelt, nämlich auf 14 %.[13] Potenzial ist damit genügend vorhanden.

Bereits „(...) jeder vierte Betrieb gibt an, Probleme bei der Stellenbesetzung zu haben. Für die Zukunft erwarten 61 % weitere Schwierigkeiten. Wie schon im Jahr 2012 ist ein Fachkräfteengpass – ob in Form tatsächlich nicht besetzbarer Stellen oder nur eines knapperen Angebotes – somit das am häufigsten erwartete Personalproblem. Dies gilt für Betriebe aller Größen."[14]

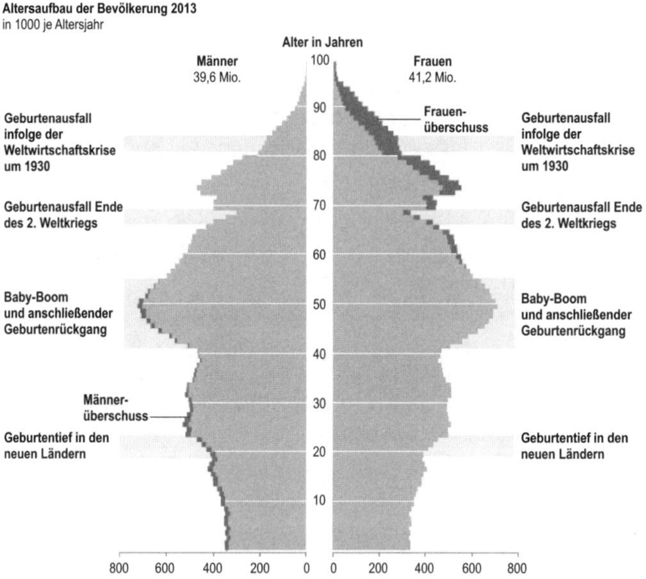

Grafik: Alterspyramide Deutschland 2014[15]

Dieser demografisch überaus negative und bedrohliche Wandel stellt sich zunehmend als entscheidende personalwirtschaftliche Einflussgröße dar, auf die Unternehmen reagieren müssen. Um für alle vier Generationen ein attraktiver Arbeitgeber zu sein, müssen sich ganze Unternehmenskulturen anpassen.

3. goldene Regel

Unternehmen die nicht zufrieden sind mit ihren Mitarbeitern, haben sich einzugestehen, dass sie allein den Fehler begangen haben: Sie haben die falsche Person eingestellt oder einstellen lassen. Damit kommen wir auch gleich zu unserer dritten goldenen Regel:

> **!** „Der Fehler darf nie bei den anderen gesucht werden, sondern immer nur bei sich selbst."

Eine Firma hat nicht nur die Kunden, die sie verdient, sondern auch die Mitarbeiter, die sie verdient. Der Markt bereinigt sich dadurch stets selbst.

Vor diesem Hintergrund ist auch die Vorbildfunktion wichtig (siehe Binsenweisheit: „Die Unternehmensphilosophie muss von oben nach unten gelebt werden"). Alle Forderungen und Erwartungen, die wir an unsere Mitarbeiter stellen, sollten wir selbst erfüllen. Wenn Fleiß erwartet wird, muss der Vorgesetzte noch mehr Fleiß an den Tag legen. Vorbilder dienen zur Orientierung. Die richtige Orientierung führt zu Achtung, die falsche zur Missachtung.

Der Vorgesetzte kann und darf außerdem nie die Eigenverantwortung einfach an die „Untergebenen" abgeben, sondern muss stets Verantwortung zeigen und dafür sorgen, dass die Mitarbeiter motiviert bleiben. Die Führungskraft kann nicht erwarten, dass die Mitarbeiter sie motivieren. Eine leitende Person in einer Unternehmung wird nicht umsonst „Führungskraft" genannt, denn sie muss die „Kraft" sein, welche die anderen „führt", und nicht umgekehrt.

Führen bedeutet …

- Vertrauen aufzubauen
- nicht vorgeben, sondern Ziele vereinbaren, voranbringen (Treiberfunktion), aber auch:
  - fühlen (seine eigenen Gefühle verstehen und steuern, Mensch sein und bleiben, den Menschen sehen und erkennen, Strenge, aber auch Güte beweisen usw.)
  - denken (objektiv, klug und weise sein)
  - handeln (belohnen, Lösungen umsetzen, Konsequenzen ziehen)
  - kontrollieren (Selbstbeherrschung üben und auf andere kontrolliert zugehen)
  - schulen (sein Wissen weitergeben und die Mitarbeiter selbst ausbilden)
- Entscheidungen zu treffen, diese einzuhalten und nicht zu verschieben
- Vorbildfunktion
- Einfühlungsvermögen (Empathie)
- fragen und zuhören
- soziale Kompetenz zu besitzen
- Konfliktfähigkeit und Kooperationsbereitschaft
- alle Vereinbarungen einzuhalten
- Probleme lösen, Ängste und Sorgen der Mitarbeiter ernst nehmen und auf diese eingehen

- offene und objektive Kommunikationskultur. Achtung: Mitarbeiter verstehen oft Entscheidungen nur deshalb nicht, weil sie die Gesamtzusammenhänge nicht kennen. Mangelhafte Informationspolitik wird häufig als Missachtung von den Mitarbeitern empfunden. Sie führt zu Isolierung, erzeugt unnötige Spannungen, Reibungsverluste, Unzufriedenheit und beeinflusst die Leistungsbereitschaft negativ. Nichtkommunikation führt außerdem zu Unsicherheit, Unsicherheit kann Angst und sogar Aggression verursachen. Das löst Blockaden aus, die unvorhersehbare Risiken in sich bergen können
- sich den Respekt der Mitarbeiter erarbeiten, damit Anweisungen/Entscheidungen verstanden, akzeptiert und gern ausgeführt werden
- Lob und Anerkennung aussprechen, wenn notwendig auch Kritik üben und Konsequenzen ziehen

Es obliegt der Verantwortung der Führungskraft, dafür zu sorgen, dass ein Team richtig gut ist und jedes Teammitglied bereit ist, sein Bestes für den Betrieb zu geben. Leider haben aber in der Realität viele Führungskräfte große Schwierigkeiten, jemanden neben sich wachsen zu lassen, weil es ihr Selbstbewusstsein nicht verkraftet, wenn ein anderer besser ist als sie. Die wirklich klugen Chefs hingegen haben verstanden, dass der Vorteil auf ihrer Seite wächst und es positiv auf sie zurückfällt, wenn möglichst alle Teammitglieder sogar besser sind als sie selbst (s. Binsenweisheiten: „Sie sind nur so gut, wir Ihr Team ist. Jeder Mitarbeiter ist nur so gut wie sein Vorgesetzter"). Ohne eine gute Einarbeitung und ständige Unterstützung durch die Führungskraft ist der Erfolg des Mitarbeiters gar nicht möglich. Der Erfolg der Mitarbeiter kann auch zur Entspannung und damit zur persönlichen Stressreduzierung der Führungskraft beitragen, da sie genau weiß, dass ihre Mitarbeiter einen guten Job machen und sie nicht in (Haftungs-) „Gefahr" bringen werden, wenn sie selbstständig die Aufgaben erfüllen. Die Führungskraft kann somit die „Control-Freak-Position" (die im Übrigen stets ungewollt ist) verlassen, weil sie Vertrauen in das Können der Mitarbeiter besitzt, und sich auf andere wesentliche Dinge konzentrieren.

Apropos Haftung: Es gibt Unternehmen, bei denen mindestens fünf Personen an Bewerbergesprächen teilnehmen, sich aber dann doch keiner traut, die Verantwortung für die Einstellung eines neuen Mitarbeiters zu übernehmen. Trotz x Gesprächen mit den Bewerbern stellen sie dann spontan fest, dass sie lieber niemanden einstellen wollen, weil angeblich doch kein Bedarf bestehe. Man bedenke, dass allein ein 60-minütiges Bewerbungsgespräch, also 300 Minuten produktive Arbeitszeit, Kosten verursacht. Dieses Verhalten ist aus betriebswirtschaftlicher Sicht als ein wahrer „Wertevernichter" für das Unternehmen zu betrachten und zu vermeiden.

Dieser Fall kommt leider in der Praxis öfter vor als man vermuten möchte. Insbesondere größere Betriebe, die diese „Meeterei" regelrecht zelebrieren und möglichst viele Kollegen in E-Mails in Kopie setzen (damit die anderen verantwortlich sind und nicht der Absender selbst). William S. Knudesen (1879 bis 1948), Chef von General Motors, hätte in dem oben skizzierten Führungskräftebeispiel (lieber gar nichts machen, bevor sie einen Fehler machen,) vielleicht seinen Tipp, mit dem er damals seine Sekretärin beruhigte, als ihr ein Schriftstück abhandenkam, auch unterbreitet: „Es gibt zwei Arten von schriftlichen Berichten. Die einen erklären, warum eine bestimmte Sache nicht gemacht werden kann, und die anderen melden, dass sie gemacht wurde. Die erste Art von Bericht ist unbrauchbar und die zweite Art ist unnötig."[16]

Der Lehrstuhl für Strategie und Organisation der TU München hat herausgefunden, dass die falsche Auswahl von Führungskräften kleine und mittlere Unternehmen zusammen 158.163.083,44 Euro pro Jahr kostet.[17] Jede Mitarbeitersuche und Vorauswahl kostet das Unternehmen ein kleines Vermögen, welches sinnlos verpufft, da zum Beispiel die Stellen, welche die Mitarbeiter aussuchen dürfen, falsch besetzt wurden.

Die Fehlplatzierung der Führungspositionen hat wiederum zur Folge, dass kontinuierlich gleich schwache Mitarbeiter eingestellt werden. Prof. Isabell Welpe von der TU München hat Ähnliches erkannt, nämlich dass Führungskräfte gern nur Mitarbeiter befördern, „(...) in denen sie Ähnlichkeiten erkennen oder Eigenschaften, auf die sie persönlich Wert legen. Im besten Fall werden damit Stärken verstärkt, Mängel bleiben. Im schlechtesten Fall wählt die Führungskraft jemanden, der ihr ähnelt, aber ein bisschen schwächer ist, um die eigene Position zu sichern."[18] Dahinter steckt sicherlich keine böse Absicht, oft nur Unwissenheit oder unbewusstes Eigenschutzverhalten, damit die eigene Schwäche nicht offensichtlich wird. Ein „fauler Apfel" kann somit in kürzester Zeit den „ganzen Korb" verderben. Ein Teufelskreis, der kaum zu durchbrechen ist und katastrophale wirtschaftliche Folgen für das Unternehmen haben kann, wenn nicht rechtzeitig und konsequent gehandelt wird. Allerdings wird das Problem erst „bekannt" und damit „erkannt" oder „in

Angriff genommen", wenn es nach außen sichtbar ist. Was wiederrum einen irreparablen Imageschaden für das Unternehmen verursachen kann. Ein weiterer Stolperstein ist, dass „(…) die Sorgfaltspflicht bei der Personalauswahl nach oben hin abnimmt. Ein Azubi wird sehr viel strukturierter ausgesucht als jemand mit Führungsverantwortung."[19]

Oft sind diese inkompetenten Führungskräfte auch gewiefte Chamäleons, die erst als Problem erkannt werden, wenn es zu spät ist. Bedauerlicherweise können sie nicht zugeben, dass sie ein Wissens- und/oder Fähigkeitsdefizit haben. Durch die Vertuschung ihrer Schwächen disqualifizieren sie sich selbst, eine „echte und gute Führungskraft" zu werden, die sie vielleicht Dank richtiger Schulungen hätten werden können.

Der Unternehmer Carl Duerr hat Folgendes trefflich formuliert: „Wenn Sie ein miserables Management haben wollen, dann schmeißen Sie jeden hinaus, der Ihnen widerspricht, der auf seinem Standpunkt beharrt, der Ihnen Fehler vorhält, der für seine Abteilung kämpft oder Ihnen auf andere Weise unbequem ist! Behalten Sie die Fügsamen."[20]

Es gilt generell nicht, den Fehler bei den (schwachen) Führungskräften oder bei der von der Fachkraft zur (zwangs-)erkorenen Führungskraft zu suchen, sondern der Fehler liegt allein bei der Geschäftsführung. Es ist die Aufgabe und Verantwortung der Geschäftsführung, die richtigen Mitarbeiter/Führungskräfte einzustellen und vorliegende Defizite bei den Mitarbeitern zu erkennen, sowie entsprechende Schulungs-, Restrukturierungs- und/oder Optimierungsmaßnahmen einzuleiten.

Genau aus diesen Gründen haben inzwischen viele Unternehmen begonnen, ihre Mitarbeiter jährlichen Tests (z. B.

DGC Zoom®-Organisationsklimauntersuchung)[21] zu unterziehen, welche die Stärken und Schwächen der Mitarbeiter, aber auch die des Unternehmers und des Unternehmens eruieren, sodass negativen Entwicklungen rechtzeitig entgegengesteuert werden kann. Es kann deswegen als eine Art Frühwarnsystem angesehen werden. Diese Art von Test hat den Vorteil, dass der Grund für notwendige Veränderungen im Unternehmen auf eine „Sache" geschoben werden kann und nicht auf eine einzelne Person, die für die ungewohnte (und damit zunächst einmal kategorisch nicht gewollte) Veränderung verantwortlich gemacht wird. Ein weiterer Vorteil: Die Mitarbeiter werden automatisch mit ins Boot geholt, weil sie regelmäßig nach ihrer persönlichen Meinung und Einschätzung befragt werden. Damit wird also „nur" ihre eigene Meinung ausgewertet, die folglich auch „nur" zu den Lösungswegen (der Geschäftsführung) führen kann *(= Vogelfrei-Position).*

- Oft sind interne Mitarbeiter betriebsblind oder es bedarf sehr viel Mut, interne Problematiken aufzudecken. Es ist es manchmal ratsam, sich rechtzeitig externe kompetente Hilfe zu holen, um die Mitarbeiterführungsprobleme deutlicher erkennen, analysieren und benennen zu können.
- Die sogenannten Führungskräfte mit Personalverantwortung müssen auf echte Befähigung in Bezug auf Mitarbeiterverantwortung, -führung und auch -auswahl geprüft werden. Denn es ist nicht sicher, dass der Interviewer auch wirklich weiß, worauf er bei einem Bewerbungsgespräch zu achten hat.

- Defizite in der Mitarbeiterführung hinsichtlich ihrer Einstellung müssen schnellstens „weggeschult werden" oder es müssen Reorganisationsmaßnahmen im Unternehmen erfolgen, sodass nur geübte Fachkräfte zusammen mit der Personalabteilung/Geschäftsführung die Interviews durchführen und Bewerber anstellen dürfen.
- Bei schwachen Führungskräften empfiehlt es sich, einen externen Personalberater mit der Mitarbeitersuche zu beauftragen, damit versucht werden kann, den „Teufelskreis" zu durchbrechen. Zur Erinnerung: Führungskräfte stellen gern jemanden ein, der ihnen ähnelt, aber ein bisschen schwächer ist, als sie.

4. goldene Regel

In der Berufspraxis der Autorin fällt ein bestimmter Geschäftsführertypus immer wieder auf, weil er stets dem maximalen Unternehmenserflog im Weg steht. Grund: Er will alles selber erledigen und können. Dieser „Führungskrafttypus" ist davon überzeugt, dass keiner eine Tätigkeit besser ausführen könne als er. Delegieren ist für diesen Typus ein Fremdwort. Ausrufe wie „Wenn man nicht alles selber macht!" gehören zum Standardrepertoire. Dieses Verhalten hat den großen Nachteil, dass es sehr demotivierend für die Mitarbeiter ist, was automatisch negative Auswirkungen auf das Betriebsergebnis hat. Dieses Phänomen ist vermehrt bei männlichen und seltener bei weiblichen Führungskräften zu beobachten. Es wurde auch festgestellt, dass weibliche Führungskräfte, insbesondere Geschäftsführerinnen, leichter und offener ihrem Gegenüber eigene Defizite zugeben können. Sie kommunizieren zum Beispiel ehrlicher, dass sie, gerade um ihre eigenen Defizite auszugleichen, Person X eingestellt haben. Die „frauliche Kommunikationsfreude" hat den positiven Nebeneffekt, dass die von der Geschäftsführerin „gebrauchte Person" sich darüber freut, weil ihr damit automatisch Anerkennung ausgesprochen wurde, womit die vierte goldene Regel zum Einsatz kommt.

! „Jeder Mensch möchte gebraucht werden (eine anerkannte Aufgabe in der Gesellschaft haben) und sehnt sich nach Lob."

Es ist davon auszugehen, dass jeder intelligente Durchschnittsmensch, der willens ist, ein fundiertes Wissen und Können aufzubauen, dieses sich auch aneignen kann. Wissen und Können stehen im Gleichklang mit einem gesunden Selbstvertrauen, welches eine erfolgreiche Führungskraft mit/ohne Personalentscheidungsbefugnis haben sollte: „Maßnahmen der Betriebe zu Höherqualifizierung spiegeln sich auch in der Wahrnehmung der Beschäftigten wider: In den Betrieben, die Höherqualifizierungen anbieten, empfinden die Beschäftigten ein signifikant höheres Interesse des Betriebes an ihrer Weiterentwicklung als in Betrieben, die dieses Instrument nicht anbieten."[22]

Die emotionale Intelligenz (= *„Selbstbeherrschung, Disziplin und Fähigkeit zur Empathie, die es Führungspersönlichkeiten ermöglicht, ihre persönlichen Leidenschaften zu kanalisieren und andere für sich einzunehmen"*[23]), die eine Führungskraft haben muss, kann nicht erlernt werden, genauso wenig, wie eine Persönlichkeit zu sein. Beide Befähigungen sind sehr schwer anzutrainieren, ohne dass sie gekünstelt wirken, da es im Grunde Charakterzüge sind. Erst im Laufe der Lebensjahre eignen sich Menschen diese Wesenszüge unbewusst an. Hingegen bleiben viele Menschen bis zum Schluss nur ein kleines Fähnchen im Wind, die unbemerkt Räume betreten.

Testen Sie Ihre eigene Führungsverantwortung und Ihre Kompetenzen:	Ja	Nein
• Haben Sie einen Unternehmenszielsetzungsplan (mindestens 3 Jahre)?	❑	❑
• Haben Sie Ziele für die einzelnen Mitarbeiter definiert und wurden diese schriftlich festgehalten?	❑	❑
• Herrscht über Aufgaben, Verantwortung und Rollen Ihrer Mitarbeiter Klarheit? Wurden diese schriftlich festgehalten und sind jedem Mitarbeiter selber bekannt?	❑	❑
• Messen Sie wenigstens einmal jährlich die Kundenzufriedenheit und teilen Sie diese Ihren Mitarbeitern mit?	❑	❑
• Messen Sie wenigstens einmal jährlich die Mitarbeiterzufriedenheit und erstellen einen Betriebsklimaindex?	❑	❑
• Fragen Sie wenigstens einmal jährlich Ihre Mitarbeiter nach ihren eigenen familiären Plänen und beruflichen Entwicklungswünschen?	❑	❑
• Suchen Sie kontinuierlich gemeinsam mit Ihren Mitarbeitern nach Verbesserungsmöglichkeiten in Ihrem Unternehmen?	❑	❑

Testen Sie Ihre eigene Führungsverantwortung und Ihre Kompetenzen:	Ja	Nein
• Fördern Sie bewusst den Zusammenhalt und das Teamverständnis in Ihrem Unternehmen?	❑	❑
• Machen Sie sich regelmäßig bewusst ein Bild über Ihre Mitarbeiter? Wissen Sie, wer sie sind und welches ihre Sorgen und Nöte sind? Kennen Sie ihre Stärken und Schwächen?	❑	❑
• Halten Sie regelmäßig Teambesprechungen ab und stehen Sie für eine offene, objektive Kommunikationspolitik?	❑	❑
• Können Sie gut zuhören?	❑	❑
• Haben Sie bereits einmal eine Mitarbeiter-Talent-/Potenzialanalyse durchgeführt und nach verborgenen Fähigkeiten Ihrer Mitarbeiter gesucht?	❑	❑
• Kennen Sie ihre eigenen Stärken und Schwächen? Sind Sie bereit, die Schwächen ehrlich zuzugeben und sich Hilfe zu holen?	❑	❑
• Kennen Sie die Gründe, wenn ein Mitarbeiter von sich aus das Unternehmen verlässt?	❑	❑
• Können Sie Anerkennung und Lob aussprechen? Tun Sie dies regelmäßig, aber nach dem Vier-Augen-Prinzip?[24]	❑	❑
• Können Sie Kritik aussprechen, aber halten dabei auch das Vier-Augen-Prinzip ein?	❑	❑
• Können Sie „Nein" sagen, wenn es notwendig ist, und behalten Ihren Zielkurs dennoch stets ein?	❑	❑

Testen Sie Ihre eigene Führungsverantwortung und Ihre Kompetenzen:	Ja	Nein
• Können Sie die notwendigen Arbeitsschritte gut erklären und die Arbeit ihren Mitarbeitern schmackhaft machen?	❑	❑
• Können Sie Arbeit delegieren, ohne Ihre eigene Verantwortung abzugeben?	❑	❑
• Lachen Sie gern und freut es Sie, wenn andere in der Firma lachen?	❑	❑
• Fühlen Sie sich für Ihre Mitarbeiter verantwortlich und würden Sie für jeden Mitarbeiter Ihre Hand ins Feuer legen?	❑	❑
• Werden Sie von Ihren Mitarbeitern geschätzt, respektiert und geachtet?	❑	❑
• Gehen Sie immer mit gutem Vorbild voran und sind sich für „niedrigere Arbeiten" (Kaffee holen, kopieren usw.) nicht zu schade?	❑	❑
• Sind Sie offen für kontroverse Argumentation mit Ihren Mitarbeitern?	❑	❑

Testauflösung: Sie sollten möglichst viele Fragen mit „Ja" beantwortet haben. Ein paar „Nein" sind normal und tragbar, aber Sie sollten dennoch daran arbeiten, diese künftig bejahen zu können.

Bitte bedenken Sie auch, dass Ihre eigene Selbsteinschätzung nicht unbedingt übereinstimmen muss mit dem, wie Ihre Mitarbeiter Sie sehen. Dass eine Selbstüberschätzung der Chefs durchaus möglich ist, zeigt die folgende Umfrage der IFZ Führungs-Studie 2016[25] deutlich:

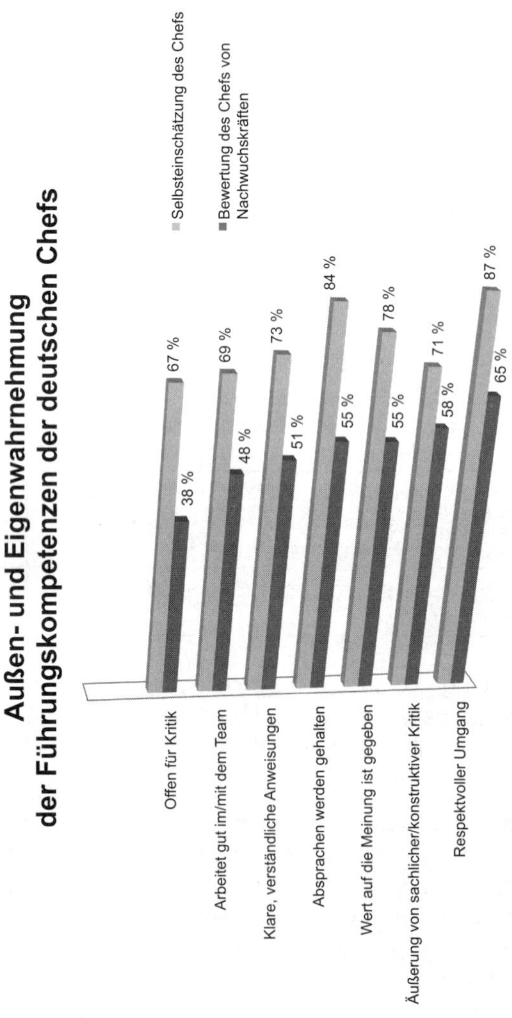
Außen- und Eigenwahrnehmung
der Führungskompetenzen der deutschen Chefs
Selbsteinschätzung des Chefs
Bewertung des Chefs von Nachwuchskräften
Offen für Kritik
Arbeitet gut im/mit dem Team
Klare, verständliche Anweisungen
Absprachen werden gehalten
Wert auf die Meinung ist gegeben
Äußerung von sachlicher/konstruktiver Kritik
Respektvoller Umgang
67 %
38 %
69 %
48 %
73 %
51 %
84 %
55 %
78 %
55 %
71 %
58 %
87 %
65 %

Daher sollte bei der Betrachtung des Faktor Mensch in Eigenregie nicht nur regelmäßig Selbstkritik geübt werden, sondern auch Klugheit beim Aufdecken von eigenen Fehlern: „Zeige einem schlauen Menschen einen Fehler und er wird sich bedanken. Zeige einem dummen Menschen einen Fehler und er wird dich beschimpfen." (Laotse, † 533 v. Chr.)

- Lassen Sie regelmäßig alle Führungskräfte schulen.
- Geben Sie diesen Leitfaden Ihren Führungskräften an die Hand.
- Eruieren Sie jährlich mithilfe von Tests, wie zum Beispiel DGC Zoom®-Organisationsklimauntersuchungen[26], die Stärken und Schwächen Ihrer Mitarbeiter und die Ihres Unternehmens sowie den Betriebsklimaindex.
- Als Firmeninhaber/Geschäftsführer sollten Sie stets daran denken: Die Unternehmensphilosophie muss von oben nach unten gelebt werden. Die Geschäftsführung allein ist für alles, was in dem Unternehmen passiert, verantwortlich. Die Geschäftsführung hat dafür zu sorgen, dass ihr Management genauso gut wird wie sie selber oder noch besser, damit die Führungskräfte wiederum bereit sind, ihr Können und Wissen an ihre Mitarbeiter weiterzugeben.
- Die Loyalität, die Sie von Ihren Mitarbeitern erwarten, müssen Sie ihnen auch entgegenbringen, indem Sie die Fürsorgepflicht für Mitarbeiter wahrnehmen, Arbeitsplätze sicherstellen und Mitarbeiter regelmäßig schulen lassen.

Folglich:

- Gute Mitarbeiter sind Basis des Erfolgspotenzials.
- Die Auswahl von Mitarbeitern gehört zu den wichtigsten Aufgaben der Unternehmungsführung.

Die Problematiken sind:

- Bewerber zeigen sich in ihrem besten Licht und bereiten sich mittlerweile professionell vor. Es gibt spezielle Literatur und Seminare für Bewerber, wo man lernt, die am meisten erfolgversprechende „Fassade“ zu zeigen. Inzwischen absolvieren Studenten Seminarkurse.
- Arbeitszeugnisse sind nicht immer objektiv: Entweder vom Bewerber selbst erstellt oder ihre Aussagekraft ist zweifelhaft, da oft codiert.
- Achtung bei Zeugniscodierung: Manchmal versucht „Ihr Vorgänger“, Sie vor diesem Bewerber zu warnen! Deswegen müssen Sie lernen, Zeugnisse richtig zu lesen!

Da es zunehmend schwierig wird, gut ausgebildete Mitarbeiter zu finden, ist inzwischen das Austrittsinterview genauso wichtig wie das Eintrittsgespräch:

Zielgruppen sind Mitarbeiter, die von sich aus gekündigt haben und bei denen Sie den tatsächlichen Kündigungsgrund erfahren möchten.

Weitere Gründe können sein:

- Imagepflege – positiver Eindruck bei ehemaligen Mitarbeitern.
- Tatsächliche Gründe für Kündigung ermitteln, damit Sie selbst daraus lernen können (es das nächste Mal besser machen können).

- Eventuell Umstimmung guter Mitarbeiter.
- Sie sollten auch versuchen, stets im Guten auseinanderzugehen.
- Man trifft sich immer zwei Mal im Leben. Und wer weiß, vielleicht entsteht in einer anderen Form in der Zukunft eine erneute Zusammenarbeit oder ein hilfreiches Netzwerk (schon die Römer haben gesagt: „Ich gebe, damit du gibst.").
- Vielleicht kann der Ausscheidende seinen eigenen Nachfolger (aus dem Bekannten- und Freundeskreis) rekrutieren.

Auf den Punkt gebracht

Die Hauptschwierigkeit liegt im „Menschsein", den „Faktor Mensch" richtig zu führen und zu sich selber undanderen ehrlich zu sein. Je mehr die Führungskraft sich selbst und ihre Mitarbeiter kennt und versteht, umso leichter wird es ihr fallen, die vier goldenen Regeln bei der Mitarbeiterführung und Mitarbeiterauswahl anzuwenden. Eine ehrliche, offene, objektive und motivierende Mitarbeiterpolitik ist nur so möglich.

Demotivation und Motivation der Mitarbeiter

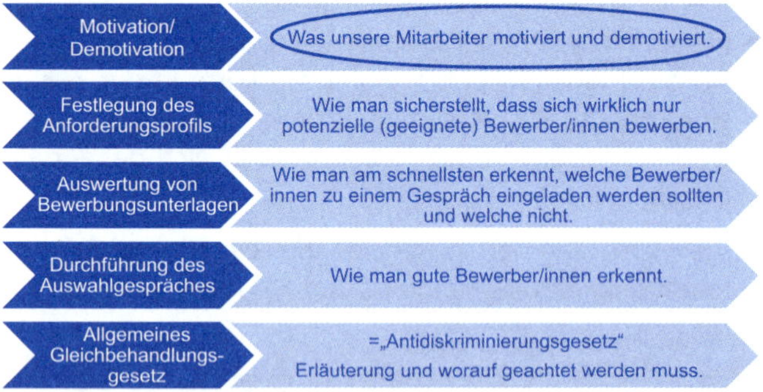

Die wohl bekannteste Studie über die Messung der Motivation beziehungsweise Demotivation der deutschen Arbeitnehmer ist die Gallup-Studie. Diese Studie wird regelmäßig erhoben. Die Messung erfolgt in der gewerblichen Wirtschaft nach folgenden Kriterien:

- Ohne emotionale Bindung („innere Kündigung vollzogen", Mitarbeiter arbeiten dem Interesse des Unternehmens entgegen)
- Keine bis geringe emotionale Bindung („Dienst nach Vorschrift")
- Hohe emotionale Bindung (loyal, produktiv, geringe Fehlzeiten, weniger Fluktuation und Qualitätsmängel)

Die Gallup-Studie hat folgende Ergebnisse zutage gebracht[27]:

70 %	machen lediglich Dienst nach Vorschrift (keine Bindung zum Unternehmen)
15 %	haben innerlich bereits gekündigt (ohne Bindung zum Unternehmen)
15 %	haben eine hohe emotionale Bindung.

Grob hochgerechnet könnte dies für Deutschland Folgendes bedeuten:		≈ Fehltage Mitarbeiter p.a. im Ø:
70 %	machen lediglich Dienst nach Vorschriften (keine Bindung zum Unternehmen) ≈ 57,05 Millionen Menschen in Deutschland	6,0 Fehltage
15 %	haben innerlich bereits gekündigt (ohne Bindung zum Unternehmen) ≈ 12,23 Millionen Menschen in Deutschland	7,2 Fehltage
15 %	haben eine hohe emotionale Bindung ≈ 12,23 Millionen Menschen in Deutschland	4,1 Fehltage

Angesichts dieser Zahlen stellt sich natürlich die Frage, was das umgerechnet für Ihr Unternehmen bedeutet. Immerhin erledigen anscheinend 70 von 100 Mitarbeitern ihre Arbeit lediglich nach Vorschrift (Tendenz steigend: 2011 waren es noch „nur" 63 % der Mitarbeiter), was bedeutet, dass diese Mitarbeiter anstatt 100 % wahrscheinlich nur 45 % an Leistung (geschätzt) in das Unternehmen einbringen.

Folglich erfüllen lediglich 15 % der Arbeitnehmer 100 % ihrer Aufgaben.

Im internationalen Vergleich steht Deutschland nicht schlechter, aber auch nicht besser da. Insbesondere die österreichischen und die schweizerischen Unternehmen scheinen die gleichen Fehler wie die deutschen Unternehmen zu machen und Demotivation zu verbreiten. Im Angesicht der bekannten „Hire and Fire-"Mentalität der US-Amerikaner ist es doch eine Überraschung, dass immerhin 27 % der amerikanischen Arbeitnehmer laut Gallup[28] eine hohe Bindung und nur 58 % eine geringe Bindung zum Arbeitgeber haben. Oder vielleicht doch keine Überraschung? Die beiden US-Konzerne Microsoft und Google sind immerhin sehr beliebte Arbeitgeber in Deutschland, die sogar regelmäßig Preise gewinnen, weil sie u. a. auf die Bedürfnisse ihrer Mitarbeiter eingehen. Sie gelten auch als die „Work-Life-Balance-Unternehmen"[29]. Die Gewinnspanne von beiden dokumentiert, dass die beiden Riesen eine sehr gute und offensichtlich hoch motivierende Personalpolitik betreiben.

Demgegenüber steht die Realität von 70 % demotivierten Deutschen mit den möglichen spürbaren Konsequenzen für Unternehmen, wenn Mitarbeiter eben demotiviert sind:

- Hohe Fluktuations-, Krankheitsraten der Mitarbeiter, Frühverrentung:
  - Laut Gallup betragen die Fluktuationskosten bei Unternehmen mit 500 Mitarbeitern 717 000 Euro pro Jahr, bei Unternehmen mit 2000 Mitarbeitern 2,9 Mio. Euro und bei Unternehmen mit 30 000 Mitarbeitern, sogar ganze 43,3 Mio. Euro pro Jahr.[30]

  - „Weit mehr als jede dritte Frühverrentung (41 Prozent im Jahr 2011) hat ihre Ursache in psychischen Störungen. Die Betroffenen sind vergleichsweise jung, im Schnitt erst 48 Jahre."[31]

- Schlechtes Unternehmensklima
- Geschäftsschädigendes Unternehmensimage
- Kunden bleiben aus
- Ehemalige Mitarbeiter versuchen dem Unternehmen zu schaden. Beispiel: Eine ehemalige Mitarbeiterin einer Arztpraxis hat das Gerücht ins Internet gestellt, dass es die Arztpraxis nicht mehr geben würde. Der Arzt hat Monate später erst per Zufall diese Intrige entdeckt.

Unmotivierte Mitarbeiter kosten die Volkswirtschaft nach Schätzung von Gallup zwischen 98,5 und 118,4 Mrd. Euro im Jahr und sind somit echte „Wertevernichter".[32]

Laut der TK-Krankenversicherungsstudie von 2015 fühlen sich 70 % der Berufstätigen in Deutschland gestresst![33]

Die top fünf Gründe für Stress am Arbeitsplatz[34]:

- Zu hohe Arbeitsbelastung (40 % laut TK-Studie Deutschland fühlen sich innerlich ausgebrannt!)
- Personelle Unterbesetzung
- Unangenehme Kollegen und gemeiner Klatsch (Mobbing)
- Mangelnde Managementfähigkeiten des Vorgesetzten
- Unangemessener Druck vom Chef

All das verursacht wiederum seelische und körperliche Beschwerden und ist auch der Grund, warum demotivierte

Mitarbeiter laut Gallup im Schnitt 7,2 Fehltage haben, während hoch motivierte Mitarbeiter im Schnitt nur 4,1 Fehltage im Jahr haben.

- „53 Millionen Krankheitstage pro Jahr gehen auf psychische Störungen zurück. Das ist eine Zunahme um 90 % seit 1997."[35]

Die Umfrage des Deutschen Gewerkschaftsbundes (DGB)[36] ergab, dass 56 % oft gehetzt arbeiten und 45 % davon ausgehen, unter diesen derzeitigen Arbeitsbedingungen nicht bis zur gesetzlichen Rente durchhalten zu können.[37] Die Umfrage fand außerdem heraus, dass 50 % der Befragten sich als unterbezahlt ansehen, und 43 % gaben sogar an, dass das Einkommen nicht oder gerade so ausreiche.[38] 2013 leben 12,5 Millionen Menschen, 400 000 mehr als noch 2012, unter der Armutsschwelle von 60 % des mittleren Einkommens.[39] Vollzeitbeschäftigte verdienen durchschnittlich brutto knapp über 46 500 Euro[40] (das sind bei Steuerklasse 1 netto circa 2300 Euro pro Monat, bei Steuerklasse III circa 2600 Euro in Bayern). Abzüglich aller Lebenshaltungskosten (s. hohe Mieten in Ballungsräumen) bleibt nicht wirklich viel übrig, um für die heutzutage notwendige Altersvorsorge zu sparen. Insbesondere wenn es gilt, eine Familie zu versorgen. Diese Zahlen sollten uns aufhorchen lassen, da hier der Sprengsatz für soziale Unruhen brodelt und die (noch) stabile deutsche Wirtschaft ins Schwanken geraten kann. Es liegt in der Verantwortung jedes Unternehmens, die Gehälter zu bezahlen, die angemessen sind für die auszuführende Tätigkeit, und kontinuierliche Inflationsraten auszugleichen. Bei finanzstarken Unternehmen sollte dies eine Selbstverständlichkeit sein. Wenn ein finanzstarkes Unternehmen wenig soziales Gespür aufbringen kann, sollte es aus reinem Eigeninteresse seine Haltung noch einmal überdenken: Wenn die unteren und mittleren Einkommen angepasst (damit angemessen) sind in Bezug zum Wirtschaftswachstum des Unternehmens, wächst im Umkehrschluss die gesamte deutsche Wirtschaft (mehr Geld im Wirtschaftszyklus) und so auch die eigene Wirtschaftlichkeit. Das derzeitige Hauptproblem ist aber nicht (nur) der Geiz mancher Unternehmen, sondern unsere Politik, die gerade in solchen Zeiten auch noch die Krankenkassen-Beitragserhöhungen zulassen und die Sozialabgaben erhöhen will. Oder Gemeinden, die Gewerbesteuererhöhungen planen (sogar bis um 18 % on top, siehe Gemeinde Geretsried, Finanzplan 2016). Am härtesten trifft es immer die, die diese steigenden Krankenkassen- und Sozialabgaben auf ihrem Lohnzettel stehen haben und schon jetzt nicht mehr wissen, wie sie über die Runden kommen sollen. Es sind die, welche es sich nicht leisten können, den Arbeitgebern nachzuziehen in Ballungsräumen mit höheren Lebenserhaltungskosten, aber niedrigeren Gewerbesteuern, die dann arbeitssuchend zurückgelassen werden.

Das Bundesamt für Arbeit und Soziales hat in Befragungen auch herausgefunden, dass das allgemeine Betriebsklima und die Vergütung als die wichtigsten Faktoren gelten, um die Verbundenheit mit den Arbeitgebern zu erhöhen. Um das Engagement und die Verbundenheit langfristig aufrechtzuerhalten, spielen folgende Faktoren eine wichtige Rolle:[41]

1. Allgemeines Betriebsklima (4,3*)
2. Vergütung (4,1*)
3. Persönlicher Kontakt zu Chef und Kollegen (3,8*)

4. Vereinbarkeit des Berufes mit der Familie (3,6*)
5. Aufstiegschancen und flexible Arbeitszeiten (jeweils 3,5*)
6. Freiwillige Zusatzleistungen, erbracht durch den Arbeitgeber an den Arbeitnehmer (3,4*)

** Was die Mitarbeiter an die Betriebe bindet: Die befragten Betrieben haben die o. g. Faktoren benotet (1 = unwichtig, 5 = sehr wichtig).*

Das Gesamtbild muss stimmen!

Die TK-Studie hat herausgefunden, dass die größten Hemmnisse für den Spaß am Job folgende wären:[42]

- Eintönige, langweilige Arbeit
- Ungerechte Bezahlung
- Sorge, beim Arbeitstempo nicht mithalten zu können

Von all denjenigen, die dadurch belastet sind, hat laut TK nur rund jeder Zweite Spaß bei der Arbeit. Ein weiteres Hemmnis für die Arbeitnehmer ist, dass 20,4 % (s. u. Grafik)[43] der Befragten am unangenehmsten ist, „ein schwieriges Gespräch mit dem Chef zu führen":

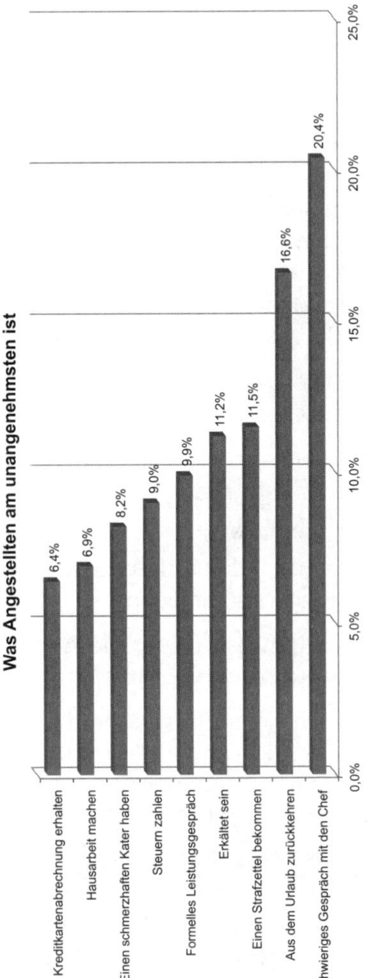
Was Angestellten am unangenehmsten ist
Die Kreditkartenabrechnung erhalten
Hausarbeit machen
Einen schmerzhaften Kater haben
Steuern zahlen
Formelles Leistungsgespräch
Erkältet sein
Einen Strafzettel bekommen
Aus dem Urlaub zurückkehren
Schwieriges Gespräch mit den Chef
6,4%
6,9%
8,2%
9,0%
9,9%
11,2%
11,5%
16,6%
20,4%
0,0%
5,0%
10,0%
15,0%
20,0%
25,0%

Das könnte u. a. darin begründet liegen, dass intensive Gespräche zwischen Chef und Mitarbeiter meistens nur einmal pro Jahr erfolgen. Bekanntlich spricht dann mehr der Chef als der Mitarbeiter und der Mitarbeiter sieht sich meist in Rechtfertigungsnot.

Würden die Chefs von heute eine offenere, ehrlichere und objektivere Kommunikationspolitik betreiben, indem sie die goldene Regel Nummer 2 befolgen: „Dem Gegenüber stets den größten Respekt zu erweisen, indem man ihm zuhört!", würden sie dem Mitarbeiter folgende kleine Aufmerksamkeiten regelmäßig zukommen lassen:

- Sich in die Lage des Mitarbeiters versetzen und seine Sichtweise verstehen,
- sich im Vorbeigehen regelmäßig nach dem Wohlbefinden des Mitarbeiters und dessen Familie erkundigen – einen kleinen Plausch führen,
- sich regelmäßig nach den Wünschen und beruflichen Plänen des Mitarbeiters erkundigen,
- regelmäßig ein Dankeschön für die Arbeit aussprechen. Aber viele schaffen es noch nicht einmal, bitte zu sagen.

Dann würden „schwierige Gespräche mit dem Chef" und „aus dem Urlaub zurückkommen" sicherlich die letzten beiden Plätze belegen und vielleicht Hausarbeit machen auf Platz eins katapultiert werden.

Die zwischenmenschliche Kommunikation ist das Hauptproblem in den Unternehmen: Die Ursache liegt in der veralteten Einstellung, dass jeder Mitarbeiter jederzeit austauschbar ist und die Arbeit abgegolten sei durch das Gehalt. Hinzu kommt das Hauptproblem, dass die Chefs gerne geizen mit

Bitte/Danke, Lob und Anerkennung und sich allgemein zu wenig ihren Mitarbeitern zuwenden. Die Mitarbeiter fügen sich allem leider meist wortlos bis sie einen neuen Job gefunden haben. Konsequenz: 70 % der Belegschaft macht eben lediglich Dienst nach Vorschrift.

Würde neben der materiellen Wertschätzung auch die immaterielle (emotionale) Wertschätzung jedes einzelnen Mitarbeiters im Vordergrund stehen, würde die Kommunikation auf gleicher Augenhöhe stattfinden, sodass die Mitarbeiter (ohne Angst vor Mobbing oder gar Kündigung) auch Probleme an- und besprechen könnten und Lösungswege vorschlagen dürften (ohne gleich ausgebremst zu werden). Dann hätte ein Unternehmen eine echte Chance, das maximale Potenzial von seinen Mitarbeitern zu bekommen. Von einem absolut liberalen Unternehmensstil ist dennoch abzuraten. Hierarchien im Organigramm ergeben Sinn, denn jedes Schiff benötigt einen Kapitän, der weiß, wohin die Reise geht. Das Einhalten von Hierarchieebenen ist sogar unerlässlich für das „Herdentier Mensch", da die Grundidee, dass es Mitarbeiter gibt, die etwas besser können als andere und deswegen die anderen führen, beibehalten werden muss. Für die Mitarbeiter fühlt sich die klassische Hierarchie richtig an, wenn sie den Chef respektieren. Frust für den Mitarbeiter in einer hierarchischen Organisation entsteht nur, wenn er die Kompetenz seines Vorgesetzten anzweifelt und an seiner subjektiv empfundenen Hierarchievorstellung rüttelt.

Frust kann aber auch entstehen, weil der Mitarbeiter sich von seinem Vorgesetzten nicht respektiert fühlt, während dieser glaubt, ihm den notwendigen Respekt zu erweisen. Aber gerade bei Konflikten zeigt sich die (eine Form von) Respektlosigkeit (immer subjektives Empfinden), wenn Führungskräfte ihre Autorität bei Meinungsverschiedenheit einsetzen, um diese schneller beenden zu können oder ihren Willen durchzuboxen. An dieser Stelle fehlt oft die notwendige Empathie und die Lust oder das notwendige Interesse, sich mit dem Mitarbeiter auseinanderzusetzen. Bedauerlich, da ein Mitarbeiter, der sich respektiert fühlt, mit viel mehr Engagement arbeitet.

Die empathielosesten Führungskräfte sind diejenigen, die der Meinung sind, „konstruktive Kritik" üben zu müssen, und nicht verstehen, dass diese „nur" ihre persönliche emotionale Meinung ist. Wer sagt denn, dass diese Meinung die einzig richtige ist? Besprechen JA!! Aber bitte produktive Gesprächsführung, die gerade nicht das Ziel verfolgt, jemanden verändern zu wollen, sondern die auch ein Lob beinhaltet und nicht nur das Negative ausgesprochen wird. Das kann etwas beim Gegenüber bewirken, nämlich dass er über das Gesagte nachdenkt. Ein reiner Vorwurf wird automatisch als Angriff bewertet, mit der Konsequenz: Der Mitarbeiter macht die „Schotten dicht". Wenn Sie bei Ihren Mitarbeitern also etwas erreichen wollen, dann sollten Sie folgende Gesprächstechnik anwenden: Ersetzen Sie „Wie immer haben Sie ..." durch ein Lob + Frage: „Sie sind doch sonst so zuverlässig + Warum haben Sie nicht ...?"

Wichtig beim Aussprechen von Lob und Kritik ist das Einhalten des Vier-Augen-Prinzips (bei Abmahnung Sechs-Augen-Prinzip). Wenn Sie einem Teammitglied vor den anderen ein Lob aussprechen, besteht die Gefahr, eine „Neid- und/oder Mobbinglawine" loszutreten. Somit immer entweder das ganze Team oder jedes einzelne Teammitglied namentlich loben oder eben das Vier-Augen-Prinzip anwenden.

Wenn ein einzelnes Teammitglied vor anderen kritisiert wird, wird der Mitarbeiter unnötig gedemütigt und eventuell dem Hohn der anderen ausgesetzt. Bei einer guten Gruppendynamik hingegen erwischt den Vorgesetzten der Bumerang: Er bringt das ganze Team durch diese Kritik vor anderen gegen sich auf. Ein subjektives Gruppengefühl wird ausgelöst, da der (böse) Chef versucht hat, ein wertvolles Teammitglied (unnötig) vom Team auszugrenzen.

Bei einer motivierenden Mitarbeiterführung sollte der Vorgesetzte seine Mitarbeiter „steuern", nicht kontrollieren, aber auch Verantwortlichkeiten abgeben (Irrglauben sind: „Nur ich kann das ...!", „Wenn man nicht alles selber macht ...") und Vertrauen in das Können der Mitarbeiter beweisen. Das führt zur Motivation und damit zum dauerhaften Erfolg! Dennoch darf der Chef seine persönliche Verantwortung nicht einfach an die Mitarbeiter abgeben. Dies würde zur Überforderung und damit zu irreparabler Demotivation führen.

Auf den Punkt gebracht

Fordern ohne zu überfordern, klaren Führungsstil aufzeigen und die Richtlinien auf allen Ebenen einhalten.

- Wie oft werden Sie gefragt, wie es Ihnen geht? Beobachten Sie das mal für eine Woche. Sie werden wahrscheinlich feststellen, dass Sie recht selten gefragt werden. Aber Sie werden sich sicherlich darüber freuen, wenn sich jemand ehrlich für Ihr Wohlbefinden interessiert? Genauso freuen sich Ihre Mitarbeiter, wenn sich jemand für ihr Wohlbefinden interessiert! Noch mehr, wenn es (sogar) der Vorgesetzte ist! Mit der kleinen Frage „Wie geht es Ihnen?" brechen Sie sich keinen Zacken aus der Krone, können aber viel bewirken. Nämlich persönliche Mitarbeiterbindung durch „Streicheln der Mitarbeiterseele".

Checkliste: Das sollte vermieden werden

- ✓ Mangelnde oder keine Wertschätzung
- ✓ Fehlende/mangelnde Kompetenz und damit automatisch mangelnde Autorität
- ✓ Veränderungen, verbunden mit Überraschungen
- ✓ Ungewissheit, Unsicherheit und Unsachlichkeit
- ✓ Unberechenbarkeit, Ungerechtigkeit, keine Gradlinigkeit, ungleiche Behandlung, Unehrlichkeit
- ✓ Nicht eingehaltene bzw. halbe Versprechen
- ✓ Launen, cholerische Ausbrüche, Stimmungsschwankungen
- ✓ Stimmaufwand, gleichgültig, ob freundlich oder nicht
- ✓ Kritik – fehlende Anerkennung
- ✓ (Nicht verstandene) Ironie, Zynismus, Ungeduld, Launenhaftigkeit, Arroganz, Unnahbarkeit, Oberflächlichkeit, Unfreundlichkeit, Desinteresse
- ✓ Zwang, unnötigen (Zeit-)Druck ausüben
- ✓ Zukunftsängste auslösen, mit Kündigung drohen
- ✓ Keine oder unklare Ziele bzw. unrealistische Ziele unklare Vorgaben/Anweisungen
- ✓ Keine offene/ehrliche Kommunikation
- ✓ Zielvorgabe, ohne Überprüfung

- ✓ Arbeitsnachweis-/Wochen-/Monatsberichte verlangen, sie aber nicht lesen, auswerten und verwerten
- ✓ Fehlende Vorbildwirkung
- ✓ Fehlende Anerkennung von Leistungen
- ✓ Kein Rückhalt/Vertrauen
- ✓ Schlechter Informationsfluss – nicht zuhören können
- ✓ Privates von Beruflichem nicht trennen können
- ✓ Zu viel Kontrolle – Fehlen eines eigenen Entscheidungsspielraums
- ✓ Keine Perspektiven, Entwicklungsmöglichkeiten
- ✓ Sich keine Zeit nehmen für die Belange der Mitarbeiter, schlechte Erreichbarkeit (Tür für die Mitarbeiter nicht offen)
- ✓ Sich mit fremden Leistungen schmücken, sich in den Mittelpunkt drängen, „großer Boss spielen", ständig im Mittelpunkt sein wollen, sich hoffieren lassen
- ✓ Auf Gerüchte hören und sich nicht beide Seiten anhören
- ✓ Gespräche/vertrauliche Information nicht für sich behalten
- ✓ Unpünktlichkeit, chaotisch sein
- ✓ Fehlendes Einfühlungsvermögen
- ✓ Keine Verlässlichkeit, nicht loyal sein und kein Verantwortungsbewusstsein für seine Mitarbeiter (Fürsorgepflicht)
- ✓ Mit Dank, Lob und Anerkennung geizen
- ✓ Mitarbeiter psychisch kleinhalten, den anderen nicht wachsen lassen, niemand anderem etwas zutrauen
- ✓ Keine eigenen Fehler zugeben
- ✓ Vorurteile
- ✓ Keine Transparenz schaffen

! Demotivation kann auch durch die Möglichkeit der Fehldeutung und Fehlinterpretation entstehen. Aus Demotivation kann schnell Frustration werden!

Frustration kennt jeder von uns und jeder von uns muss (mehr oder weniger) damit fertigwerden. Frustration kann auf Dauer eine innere Leere verursachen und Unlust. Müdigkeit/Erschöpfung befördert weitere Misserfolge, Unzufriedenheit (mit sich und seiner Umgebung) führt zur Resignation (Depression, Lethargie, Krankheit, Phlegmatik), was zur Flucht (Kündigung, Fehlzeiten) führen kann und/oder Aggression gegen den Verursacher der Frustration (offener Krach/ Streit oder verdeckte Intrigen/„auflaufen lassen"/mobben). Oder die Aggression wird ausgelassen am schwächsten Glied. Im besten Fall führt Frustration zur positiven Verarbeitung (Abwehrmechanismen, Problemlösung, vermehrte Anstrengung und Willensstärke gegen den Verursacher der Frustration), was meist zur Folge hat, dass diese Mitarbeiter kündigen. Es gilt also zu vermeiden, Frust überhaupt entstehen zu lassen.

Auf den Punkt gebracht

Forderung an uns: Es darf nicht zu Frustration und damit zu Demotivation kommen.

- Unter diesen Aspekten sollte auch die Auswahl neuer Mitarbeiter gesehen werden!

- Wählen Sie einen Mitarbeiter, der zu Ihnen und Ihrem Team passt, nicht zu dem Sie und das Team passen müssen!
- Bitte denken Sie daran: Ein „fauler Apfel" verdirbt den ganzen Korb!!!

- Als Firmeninhaber/Geschäftsführer sollten Sie stets daran denken, dass die Unternehmensphilosophie von oben nach unten gelebt werden muss. Sie allein sind für alles, was in Ihrem Unternehmen passiert, verantwortlich. Sie haben dafür zu sorgen, dass Ihr Management genauso gut wie Sie selber ist, damit Ihr Management wiederum bereit ist, Können und Wissen an die Mitarbeiter weiterzugeben.
- Die Loyalität, die Sie von Ihren Mitarbeitern erwarten, müssen Sie ihnen auch entgegenbringen.
- Sobald jemand eingestellt ist, wird nicht nur die Verantwortung für die angestellte Person übernommen, sondern auch für die Familie, die von diesem Gehalt lebt. Daher muss eine Einstellung stets gut überdacht sein. Sie darf nie in dem Sinne getätigt werden, dass Personen beliebig austauschbar sind. Für gute Mitarbeiter ist die Arbeit in Wahrheit mehr als eine Gehaltsabholstelle. Oft ist es der Ort, wo 80 % Lebenskraft reingesteckt werden, was materiell kaum aufgewogen werden kann: „86 Prozent der Befragten identifizieren sich mit ihrer Arbeit, zwei Drittel glaubt, sie leisten einen wichtigen Beitrag für die Gesellschaft."[44]

Abklärung der gemeinsamen Ziele, Werte und der Unternehmenskultur

Schon 1972 haben die Autoren Hackstein/ Nüssgen/ Uphus Folgendes richtig erkannt: „Der Erfolg jeder Organisation, also auch der Erfolg des Unternehmens, hängt davon ab, wie weit die Ziele der Mitarbeiter mit den Zielen des Unternehmens abgestimmt sind (Problem der Identifikation)."[45] J. K. Galbraith geht 1974 dann einen Schritt weiter: „Eine Organisation bzw. ein Unternehmen ist in dem Maße funktionsfähig und erfolgreich, als es gelingt, die persönlichen Ziele und Erwartungen der Mitarbeiter mit den Zielen und Anforderungen der Organisation bzw. des Unternehmens in Einklang zu bringen."[46] Heute gilt es, einen Schritt weiter zu gehen: Die Unternehmenskultur durchdringt alle Bereiche der Unternehmungsführung. Sie bindet Kunden oder schreckt auch Kunden vom Unternehmen ab. Der Unternehmenserfolg hängt von der Kundenzufriedenheit ab. Diese wiederum beruht auf Mitarbeiterzufriedenheit. Dafür muss das Unternehmen allerdings die persönlichen beruflichen Bedürfnisse sowie Ziele und die familiäre Situation der Mitarbeiter kennen, um entsprechende personalpolitische Anpassungen vorzunehmen und die Unternehmenskultur zwangsfrei (nicht gekünstelt/erzwungen) zu gestalten. Nur so können eine gesunde und natürliche Mitarbeiterzufriedenheit/-bindung und eine leichtere Mitarbeitergewinnung entstehen.

Wie im Kapitel „Goldene Regeln" bereits angedeutet, gibt es bis heute noch immer Unternehmen, die überrascht sind, wenn Bewerber ihre Wünsche und Erwartungen beim Vorstellungsgespräch kundtun und erwarten, dass das Unternehmen ihnen mitteilt, was es bieten kann – im Gegensatz zu früher, als der Bewerber seinen „Mehrwert" für das Unternehmen darstellen musste. Wie sollen die Ziele der Mitarbeiter mit den Zielen der Unternehmung in Einklang gebracht werden, wenn die Werteeinstellungen nicht übereinstimmen, weil das Management nicht registriert hat, dass der Spieß schon lange in seine Richtung steht? Willkommen im Zeitalter des Fachkräftemangels.

Es bedarf deswegen einer neuen Definierung von Werten. Da wir Generationskonflikten gegenüberstehen, müssen wir unsere Unternehmenskulturen anpassen. Aber dafür müssen wir uns zuvor mit den Generationen und mit unserer Mitarbeiterstruktur besser auseinandersetzen:

Wer sind unsere Arbeitnehmer von heute und von morgen?

Wer glaubt, dass es ausreicht, zu wissen, dass Mann und Frau grundlegend anders sind und entsprechend die weiblichen Mitarbeiter sich anders verhalten als die männlichen, wird wahrscheinlich mit folgender „Vier-Generationen-Theorie" (s. a. 1. und 2. goldene Regel) überfordert sein:

Die „Generation X" sind die Kinder der Generation „Baby-Boomer", die ehrgeizige Nachkriegskinder-Generation, die „Aufbauer", die „Erfinder und Entwickler". Die Generation X steht unter einem großen Erfolgsdruck beziehungsweise Erwartungsdruck der „Baby-Boomer"-Generation (ihre Eltern). Mit zunehmendem Alter versteht diese Generation X zwar auch, dass es eigentlich keinen Sinn macht, sich weiter freiwillig der „Burn-out-Gefahr" auszusetzen, aber sie hat meist den Ehrgeiz, den wirtschaftlichen Status aufrechtzuerhalten, da sie auf den Wohlstand nicht verzichten möchte, aber auch nicht kann (weil z. B. Häuslebauer, Kinder kosten). Die Generation X ist prinzipiell sehr loyal gegenüber ihrem Arbeitgeber (da eine gewisse „Sei-gehorsam-Form" ihr noch anerzogen wurde), hat meist schon fast einen zu ausgeprägten „Identifikationswahn" mit dem Unternehmen, gerade weil sie ein sehr ausgeprägtes wirtschaftliches Sicherheitsdenken besitzt. Die Generation X ist meist überdurchschnittlich gut gebildet, weil sie die besten Ausbildungsmöglichkeiten hatte (gute Schulausbildung, Sprachen gelernt, viele Akademiker). Sie steht aber gerade deswegen auch ständig unter dem Zugzwang, ein B-Sager zu sein, da sie A gesagt hat mit ihrem langen Studium und karriereorientierten Lebensweg. Aber eine Generation X (auch Generation Golf genannt) verändert sich zum Glück auch. Und der „(...) Job, der mit 30 perfekt war – mit Geld, Status und Dienstwagen", war sehr gut, aber „ab 40 wünscht sich diese Generation vielleicht auch mehr Zeit und Flexibilität für die Familie."[47]

Die WZB-Präsidentin Jutta Allmendinger hat treffend beschrieben: „Niemand geht davon aus, dass er 45 Jahre den gleichen Job macht, in der gleichen Stadt wohnt. Genauso wenig wie übrigens die jungen Frauen davon ausgehen, das Leben lang mit einem Mann verheiratet zu sein. (...) Die meisten identifizieren sich durchaus mit dem, was sie tun. Dies allerdings temporär und nicht lebenslänglich."[48]

Bei den jungen Arbeitnehmern der Generation Y[49] fällt auf, dass sie offensichtlich viel mutiger sind als die Generation X. Sie scheinen zu wissen, was sie wollen, und sind zielstrebiger. Sie machen einfach und steuern viel optimistischer auf die Sachen zu. Die Y-ler trauen sich selbst einfach viel mehr zu und scheinen viel schneller selbstständig (vielleicht weil sie viel jünger sind als die Generation X, wenn sie mit ihrem Studium fertig sind) zu sein (ob erfolgreich, steht auf einem anderen Blatt). Sie trauen sich eher in die Selbstständigkeit und wollen nicht wie Generation X (die anscheinend glaubt, dass seit der Erfindung des Handgepäckkoffers auf Rädern (Trolli) alle Nischen schon gefunden wurden) ängstlich ständig nach dem Fallnetz schreien. Die Familie und der Freizeitwert haben bei der Generation Y auch einen höheren Stellenwert als bei der Generation X. Sie nimmt sich mehr Zeit für ihr Privatleben und geht deswegen pünktlicher in den Feierarbeit. Die Familienplanung wird bei dieser Generation wieder mehr in den Vordergrund gerückt. Elke Jäger, Marketingdirektorin bei Atoss Software, hat ähnliche Beobachtungen gemacht, aber es diplomatisch umschrieben: „Besonders die Generation Y legt Wert auf ein ausgeglichenes Verhältnis von Leben, Arbeit, persönlicher Entwicklung und Weiterbildung." Ein großes Manko für die Wirtschaft hat die Generation Y: Dank der verkürzten Schul- und Studiumausbildung fehlt es ihr öfters an fundiertem Wissen. Dieses Versäumnis müssen die Betriebe nachholen und in zusätzliche Ausbildungen investieren.

Es bleibt zu hoffen, dass nach der Z-Generation, die das Schlusslicht und somit das Ende (Alphabetende) symbolisiert, noch weitere Generationen kommen (die Vorzeichen stehen gut, 2015 wurden erstmals seit 10 Jahren wieder über 700 000 Babys in Deutschland geboren)[50]. Die nach 1995 geborene Z-Generation unterscheidet sich zwar von Generation Y, allerdings sind hier mehr Parallelen zu erkennen. Die Generation Z möchte sich aber deutlich von der X-Generation (ihre Eltern) abgrenzen, indem sie auch mal vom Laptop wegkommen will. Das Privatleben steht an erster Stelle und das Berufs- und Privatleben möchten sie ungern miteinander vermischen. Insgesamt scheinen sie nicht die besten „Networker" zu sein[51], was eines Tages eine negative Auswirkung auf die Wirtschaft, aber eventuell auch eine sehr positive antikorruptive Wirkung haben kann. Bedeutet dies, dass die Vettern- und „Bazi"-Wirtschaft aussterben wird? Wie werden wohl dann die Fußballwelt, die digitale Network-Welt, der Wirtschafts- und Aktienhandel von morgen aussehen?

Christian Scholz, Professor an der Universität Saarland, hat folgende Erkenntnis über die Generation Z herausgefunden: „Weil die Z-ler viel weniger offensiv mit neuen Technologien umgehen als ihre Vorgänger, sinkt jedoch ihre digitale Kompetenz. Smartphone und Internet sind für sie alltägliche Gebrauchsgegenstände, die nicht mehr groß reflektiert werden. (...) Wir bekommen eine hochsensible junge Generation, die alles blitzschnell aufnimmt und erfasst und enorm multitaskingfähig ist (...), dann aber auch nicht mehr so konzentriert ist, sich schnell ablenken lässt und ein kurzes Durchhaltevermögen besitzt. (...) Die Z-ler wollen geregelte Arbeitszeiten, unbefristete Verträge und klar definierte Strukturen im Job haben."[52]

Zum Stichtag 31.12.2014 stellte sich der deutsche Fachkräftemangel wie folgt dar:[53, 54]

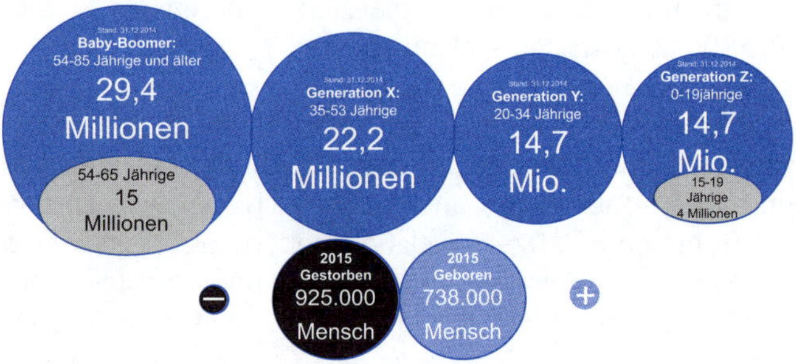

Hinzu kommt, dass 7,5 Millionen von den oben nach Generationen eingestuften 81 Millionen Deutschen eine Schwerbehinderung haben und unter Umständen als Arbeitskraft nicht infrage kommen. Genausoviel Menschen (7,5 Millionen) können nicht richtig lesen und schreiben. Somit werden es pro Generation wahrscheinlich entsprechend weniger potenzielle Arbeitnehmer sein als oben dargestellt.[55] Dazu kommt, dass 2015 10,5 %[56] der Erwerbstätigen selbstständig waren und so wahrscheinlich nicht für eine Anstellung vakant sind. Diese müssten also theoretisch von der Liste möglicher Fachkräfte zusätzlich abgezogen werden. Die Generation Y oder aber die Generation Z wird sich noch stärker aussuchen können, bei wem sie arbeiten möchten. Nicht die Unternehmen werden wählen können, wer bei ihnen arbeitet.

Bei der Betrachtung dieser Zahlen sollte man meinen, dass die deutschen Arbeitgeber versuchen, den Fachkräftemangel durch das Anwerben von Fachkräften im Ausland auszugleichen. Aber die Rekrutierungsquote bei Betrieben mit über 50 Beschäftigten ist zwischen 2011 und 2014 von 9,9 % (was ohnehin gering war) sogar wieder gesunken auf 6,5 %.[57] Warum diese Rekrutierungsweise rückläufig ist, konnte leider nicht recherchiert werden (da keinerlei Forschungsarbeiten oder Studien zu finden war). Naheliegend ist, dass der notwendige Anlernprozess aufgrund der sprachlichen Diskrepanz zu aufwendig und zu teuer ist, das eventuell geringere Bildungsniveau und die Arbeitsmoral, die sich aus unterschiedlichen Kulturen ergeben kann, ein größeres Problem darstellen. Um diese Probleme zu umgehen, könnten zwar einzelne Unternehmen Führungskräfte/Fachkräfte oder Auszubildende bei dem deutschsprachigen

Nachbarn abwerben, aber gleichzeitig können das sicherlich nicht alle tun. Es wäre nur eine Frage der Zeit, bis die Österreicher, Liechtensteiner und Schweizer (die auch mit Fachkräftemangel zu kämpfen haben) sich revanchieren. Damit säße in kürzester Zeit eine ganze Branche in vier Ländern in ihren eigenen „Rekrutierungsfallen".

Die deutschen Bevölkerungsprognosen des Statistischen Bundesamtes sind im Übrigen trotz einkalkulierter Zuwanderung von 100 000 Personen pro Jahr nicht rosiger[58]:

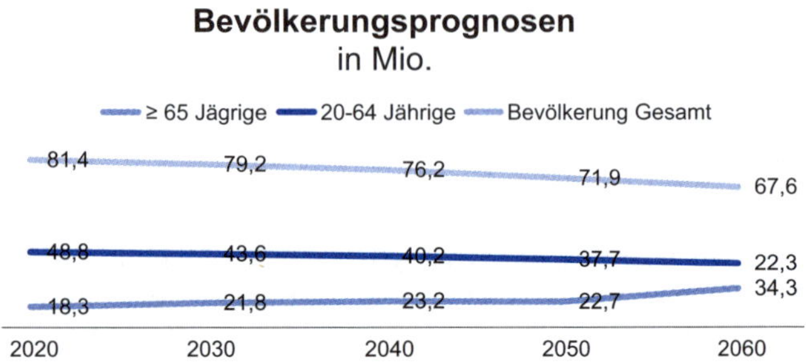

Unser Glück im „Unglück" im Zeitalter des Fachkräftemangels

Historisch betrachtet steckt die Wirtschaft zum ersten Mal mitten in einem „Vier-Generationen-Konflikt" und nicht, wie von der Natur ursprünglich vorgesehen, in einem „Zwei- oder maximal Drei-Generationen-Konflikt". Grund: Die Pensions-/Renteneintrittsgrenze wurde erhöht, die Menschen werden deutlich älter, bleiben aber länger fit. Sie wollen oft bis ins hohe Alter weiter arbeiten oder müssen weiterhin arbeiten gehen wegen der kleinen Rente, damit ihnen keine Altersarmut droht. Problematisch ist nur, dass jeder dritte Beschäftigte, der zwischen 50 und 64 Jahre alt ist, in einem Betrieb mit über 250 Beschäftigten arbeitet, davon träumt, vorzeitig in den Ruhestand zu gehen. Bei Betrieben mit weniger als 50 Beschäftigten träumen 35,1 % dieser Altersgruppe vom Ruhestand (fast jeder Dritte!!), während bei Unternehmen mit 50 bis 249 Beschäftigten sogar jeder Vierte vom frühzeitigen Ruhestand träumt. Das Bundesinstitut für Berufsbildung (BIBB) hat weiter festgestellt, dass 65,3 % der 50- bis 64-Jährigen gern vorzeitig in den Ruhestand gehen möchten.[59] Zur Erinnerung: Die Umfrage des Deutschen Gewerkschaftsbundes (DGB) ergab, dass 45 % davon ausgehen, unter den derzeitigen Arbeitsbedingungen nicht bis zur gesetzlichen Rente durchhalten zu können.[60]

Die vier Generationen

1. „Baby-Boomer", die wirklich „alte Generation",
2. X-ler, die „junge Generation", welche eigentlich „die alte" ist,
3. Y-ler, die eigentlich die „junge Generation" wären und jetzt die „jüngsten" sind und die
4. Z-Generation, die eigentlich die „jüngsten" wären, aber die „Nesthäkchen" sind,

müssen miteinander koalieren, ob sie wollen oder nicht. Das bringt automatisch Konflikte mit sich. Alle vier Generationen haben unterschiedliche Wahrnehmungen, Wertvorstellungen, Interessen, Bedürfnisse und Sichtweisen. Konflikte können chronisch werden und führen unweigerlich zur Demotivation. Konflikte müssen deswegen rechtzeitig erkannt und angenommen werden. Es bedarf einer Auseinandersetzung mit ihnen (was jedoch die wenigsten Menschen gern tun; lieber ignorieren sie sie oder tun so, als ob nichts wäre oder geben vor „es allen ja nur recht machen zu wollen". Manche nennen das Diplomatie, andere Feigheit). Aus diesem Grund wären schon vier verschiedene Personalführungsstile notwendig, um eben jeder Generation ihren Erwartungen, verschiedenen Interessen und Bedürfnissen gerecht zu werden:

- Die Baby-Boomer, als die älteste Generation, ist (hoffentlich) wirtschaftlich gesättigt, sie hat in der Regel nicht mehr so hohe Kosten zu stemmen (Kinder sind außer Haus, Immobilie abbezahlt usw.), keinen Drang, noch groß Karriere zu machen, der Wunsch nach verbaler Anerkennung steht zunehmend im Vordergrund.
- Die Generation X hat einen Kostenblock zu stemmen (Kinder, Immobilie usw.), sie möchte noch Karriere machen, Entscheiderpositionen erreichen, selber entscheiden und ihre wirtschaftlich gute Position verbessern, indem sie weiter aufsteigt. Die Generation X will also die „Macher-Generation" sein und empfindet die Baby-Boomer-Generation deswegen (oft unberechtigt) als eine Bedrohung (Konfliktherd). Die Generation X ist mit der Europaidee groß geworden und möchte keine Grenzen mehr in ihrem Leben haben, sondern auch für sich globaler denken.
- Die Generationen Y und Z möchten lernen, Abwechslung und Zukunftsperspektiven aufgewiesen bekommen, das Einkommen spielt eine nicht so große Rolle, nimmt aber mit dem Alter sukzessive zu. Die „Jungster" wollen vielleicht noch ins Ausland, um sich selbst und dann erst den Lebenspartner zu finden. Je „(...) nach Quelle wird diese Generation auch als Millennials (zu Deutsch etwa die

Jahrtausender) bezeichnet. Daneben ist die Generation Y die erste der Digital Natives (…)"[61] und mit der Idee aufgewachsen, dass der Arbeitsplatz dank der Digitalisierung nicht mehr an einen Schreibtisch in der Firma gebunden ist. Das zieht aber andere Probleme nach sich, was das Fachkräftemangelproblem noch einmal verstärken kann in Branchen wie Handwerk oder produzierendes Gewerbe, wo die Anwesenheit der Mitarbeiter unabdingbar ist. Auf dieses zusätzliche Fachkräftemangelproblem innerhalb der Generationen Y und Z weisen die Befragungsergebnisse von 850 Auszubildenden der HSBA[62] und U-Form Testsysteme deutlich hin: Nur jeder Fünfte gab an, dass er bereit wäre, für eine Lehrstelle weiter weg zu ziehen, und nur jeder Dritte war bereit, eine längere Fahrt in Kauf zu nehmen.[63] Alarmierend!

Wir fassen zusammen:

Drei verschiedene Familienplanungssituationen: Die älteste Generation muss sich Gedanken machen um ihre eigene Pflege und über ihr „Nachfolgerprogramm" (privat und beruflich) und möchte trotz Arbeit eigentlich mehr private Zeit haben (für die Enkel usw.). Die zweitälteste Generation muss sich Gedanken machen über die Pflege der Eltern/Kinder und wie Beruf und Familie unter einen Hut zu bekommen sind. Auf die letzten beiden Generationen kommen diese Schwierigkeiten alle noch zu, aber momentan sind sie noch mehr mit sich, der Freiheit und dem Abnabelungsprozess beschäftigt oder wollen ihn eben nicht vollziehen, da sie bevorzugen, bequem in der Nähe ihrer Familie zu bleiben.

Die Baby-Boomer-Generation erwartet klare und feste Arbeitsstrukturen. Die Generation X will das auch, aber tendiert dazu, zunehmend Gefallen an dem sogenannten „Work-Life-Balance"-Modell zu finden (um dem Burn-out aus dem Weg zu gehen, wobei sie ironischerweise dank Smartphone & Co. noch mehr arbeiten). Die Generation Y ist vollkommen gegen altmodische Strukturen und möchte frei wählen, wo, wann und wie sie arbeitet. Die Generation Z will laut Prof. Schultz wiederum geregelte Arbeitszeiten und klare Strukturen.

Es ist schwierig geworden herauszufinden, wer die Arbeitnehmer von heute sind und was die Arbeitnehmer von morgen wollen. Verwirrend und eine Mammutaufgabe, allen Generationen gerecht werden zu wollen. Hinzu kommt, dass jede Generation ihre Eigenarten mitbringt, auf die sich die Unternehmen einstellen müssen, sie beinhalten zusätzlich noch verschiedene Typen von Führungskräften und Arbeitergruppen, die wiederum verschiedene Eigenschaften und somit Anforderungen an das Unternehmen mitbringen. Hier die drei wichtigsten Mitarbeitergruppen (Klassiker), die auf alle vier Generationen angewendet werden können:

„Fleißige Bienen"

Bei dieser Gruppe handelt es sich um die „Abarbeiter", die beschäftigt werden wollen, mit klaren Vorgaben, was zu tun ist. Sie bevorzugen autoritäre Strukturen und feste Arbeitszeiten. Sie sind keine Freunde von Überstunden, da ihnen ihr Privatleben wichtig ist – eine sehr pflegeleichte Gruppe, wenn sie nicht über- oder unterfordert wird und man ihrem extrem großen Anerkennungsbedürfnis nachkommt.

„Macher"

Hier handelt es sich auch um „Abarbeiter", die beschäftigt werden wollen, keine klaren Vorgaben bekommen möchten, sondern ihr eigenes Köpfchen und Ideengut einbringen. Sie sind nicht nur „Abarbeiter", sondern „Macher" mit sehr guten Zuarbeiter- und Projektmanagementqualitäten. Sie haben eine hohe Bereitschaft, Überstunden zu leisten. Sie wollen sich aktiv im Unternehmen einbringen und benötigen eigenverantwortliches Arbeiten wie die Luft zum Atmen. Freie Strukturen und Anerkennung fördern ihre Höchstleistung. Zu herrisches und autoritäres Verhalten führt bei dieser Gruppe leicht zu Demotivation. Im schlimmsten Fall kann das sogar zur absoluten Passivität und Depression führen. Diese Gruppe hat in der Regel Aufsteigerpotenzial. Das ist ihr bewusst und sie schmiedet entsprechende Karrierepläne. Wenn man sie nicht wachsen lässt, beginnt die Frustration, sie ziehen sich zurück und verlassen meist das Unternehmen, um den nächsten Karriereschritt zu tun.

„Schnacker"

Dieser Typus sind „Abarbeiter", die beschäftigt werden müssen, da sie sonst den ganzen Tag lang die Kollegen mit ihrem Gerede von der Arbeit abhalten würden. Der Fleiß muss meist gefordert werden. Sie können sich selbst sehr gut verkaufen und sind deswegen ideal im Vertriebsbereich einsetzbar. Sie benötigen eine eher autoritäre und klare Struktur. Mit viel Verständnis an die Hand genommen, kann der Ehrgeiz aus ihnen „rausgekitzelt" werden. Diese Gruppe bevorzugt Autonomie, damit ihr Fleißmangel nicht so auffällt, aber mit materiellen Dingen (Geld, Auto) kann die Motivation leicht gesteigert werden. Durch gezielte Steuerung wird diese Arbeitergruppe ein guter Umsatzbringer.

Wie die Analyse der Generationen gezeigt hat, nähert sich die Generation Z wieder mehr den Bedürfnissen der Generation Baby-Boomer an. Momentan sind die wichtigsten Arbeitskräfte die Generation X und Y, immerhin sind dies knapp 37 Millionen Deutsche. An ihren Bedürfnissen und Wünschen müssen wir uns entsprechend orientieren, wenn wir ihre Arbeitsleistung verwenden wollen. Bereits jetzt müssen wir aber die Bedürfnisse der Generation Z auch im Fokus haben. Es wäre falsch, alle bewährten Führungsstile vollkommen über Bord zu werfen, den Fokus nur auf die Freiräume der Mitarbeiter zu richten und die eigene Unternehmenstradition und -kultur vollkommen beiseitezuschieben. Beides gilt es gerade jetzt zu bewahren. Nicht zu vergessen: Der Kunde muss immer König bleiben und fortwährend im Mittelpunkt stehen. Erst die Kundenservicepolitik und dann erst die Mitarbeiterservicepolitik.

Kein Unternehmen kann in dieser schnelllebigen Zeit vier verschiedene, eigens konzipierte Unternehmensführungsstile (die notwendig wären, wenn man auf alle Bedürfnisse und Wünsche jeder Generation eingehen wollte) betreiben, ohne dass die Vorgesetzten und Mitarbeiter langfristig echte „Identifikationsprobleme" mit sich selber bekommen würden. Führungsstile und Führungskulturen werden sich nach wie vor in den Verhaltensweisen der Führungskräfte spiegeln, welche die entsprechende Art und Weise der Führungsfunktion weiter aufzeigen werden. Das wiederrum wird sich in der Wahrnehmung der Arbeitnehmer niederschlagen. Umgekehrt werden die Randbedingungen des Unternehmens, die Grundeinstellung und bisherigen Erfahrungen der Führungskräfte, sowie die Stimmung der Fachkräfte die Unternehmenskultur weiter beeinflussen.

Vor diesem Hintergrund sollte Unternehmenskultur entwickelt, gefördert und von oben nach unten vorgelebt werden, in der sich alle vier Generationen, alle verschiedenen Arbeitergruppen und Führungskräfte automatisch wohlfühlen – weil „natürlich" und „ehrlich", aber bewusst entstanden. Eben passend zum Unternehmen, zu den Mitarbeitern und wichtig für die Kunden (s. o.). Denn der Kunde zahlt in Wahrheit den Lohn/das Gehalt, nicht das Unternehmen. Es gilt daher, gezielt Unternehmenskulturen zu schaffen, die den Fokus auf den Kunden setzen und es dennoch allen Unternehmensmitgliedern ermöglichen, zum Unternehmenserfolg beizutragen, weil sie es gern tun, gefördert werden, aber sich nicht überfordert fühlen. Wo die Mitarbeiter (auch Führungskräfte) die ihnen zustehende Anerkennung und Abwechslung, klare Strukturen, aber auch Freiheiten (individuell frei wählbar) geboten bekommen, die Bezahlung ihren Leistungen entspricht und, ganz wichtig, die Kommunikation miteinander stimmt. Europäische Unternehmen von heute können es sich nicht leisten, nur abstammungsspezifisch multikulti zu sein, sondern sie müssen heute alters- und typspezifisch multikulti sein, im Vordergrund steht die Empathie.

Es ist nicht immer klug, jedem Trend zu folgen, aber man sollte stets mit der Zeit gehen. Nur wer die Innovation mit klassischer (= zeitloser) Tradition kombiniert, kann flexibel sein und bleiben. Hinterfragen Sie sich stets und seien Sie ein Querdenker, der nicht nur an die Gegenwart, sondern auch an die Zukunft denkt, aber auch Ratschläge aus der Vergangenheit berücksichtigt, wie den von Leonardo da Vinci: „Einfachheit ist die höchste Stufe der Vollendung."

Wichtig: Die künftigen Bewerber müssen zum bestehenden Team passen und nicht umgekehrt.

Aber wie finden wir heraus, ob der Bewerber mit seinen Lebenseinstellungen und Erwartungen zu unserer individuellen multikulturellen Unternehmenskultur passt? Dies alles in 60 bis 90 Minuten während eines Vorstellungsgespräches? Vorweg: Das werden Sie nicht schaffen (s. Abschnitt: Richtige Kommunikation der Unternehmenskultur nach außen) ohne die Hilfe Ihrer Homepage.

Auf den Punkt gebracht

Es ist ratsam, seine Mannschaft gut zu kennen und richtig einschätzen zu können. Mitarbeiterbindung sollte Priorität bekommen und es gilt, sich rechtzeitig auf die Zukunft vorzubereiten, um den Fachkräftemangel umschiffen zu können. Dennoch ist es wichtig, seinen Unternehmenswerten treu zu bleiben, stets kundenorientiert zu handeln und mit der Zeit zu gehen.

Stellenwert der „Arbeitskraft Frau" fördern

Ein weiterer wichtiger und noch immer vernachlässigter Aspekt ist erstaunlicherweise die Arbeitskraft Frau. Wir denken, wir Deutschen wären so modern und mit der Gleichberechtigung lägen wir ganz vorn. Dennoch sind noch immer wenige Frauen in Unternehmen oder in leitender Position anzutreffen. Dabei wollen viele Frauen die gleichen Chancen wie Männer und die gleichen Karrieremöglichkeiten bekommen.

Wenn man versucht zu eruieren, wie viele Frauen derzeit berufstätig sind, findet man leichter heraus, welches die beliebtesten Marken pflegender Gesichtskosmetik bei Frauen ist, als die Anzahl der arbeitenden Frauen. Es überrascht doch, dass das statistische Bundesamt es für wichtig erachtet, zu wissen, wie viele Frauen zu Burger King (37,8 %)[64] gehen oder wie sie sich ihre Körperbehaarung entfernen oder welche Fernsehserien sie am liebsten anschauen. Wie sollen die Frauen mit den Männern gleichgestellt werden, wenn solche Dinge offensichtlich wichtiger sind als die Gleichberechtigung der Frau? Auch eine Regierung hat Vorbildfunktion und so sollte auch für sie gelten, Ziele wie die Gleichberechtigung der Frau auf dem Arbeitsmarkt von oben nach unten zu leben und zu fördern. Da reicht es nicht aus, Deutschland von einer Frau von oben nach unten regieren zu lassen. Die Gleichberechtigung der Frau steckt im Berufsalltag anscheinend auf halber Strecke fest: Denn Tatsache ist, dass noch 2012 nur sechs von zehn Frauen mit minderjährigem Kind erwerbstätig waren, hingegen 84 % der Väter.[65] Das zeigt, dass Männer kaum berufliche Einschränkung hinnehmen müssen, aber die Frauen noch immer. Nicht nur Mütter gehen keiner Erwerbstätigkeit nach, sondern von den 41,2 Millionen Frauen, die 2014 in Deutschland leben, gehen insgesamt nur 38,6 % einer Erwerbstätigkeit nach, 7,3 % sind arbeitslos, 24,1 % sind bereits in der Rente und 30 % sind finanziell abhängig von Angehörigen.[66] Damit waren 2014 nur 15,9 Millionen Frauen erwerbstätig, 2012 noch 17,7 Millionen Frauen im Alter von 20 bis 64 Jahren.[67] Damit ist der Frauenanteil auf dem Arbeitsmarkt (-1,8 Millionen) noch einmal rückläufig geworden.

Die Politik regt sich auf, dass der Frauenanteil in Vorstandspositionen im Mai 2015 in Deutschland bei rund 24 %[68] lag, und vergisst dabei gerne, dass die Frauen erst in die Position des gut ausgebildeten Arbeitnehmers gebracht werden müssen, um von solch einer Position jemals träumen zu können und zu versuchen solch eine Karriere zu starten. Tatsache ist, dass lt. Statistischem Bundesamt immer noch etwa 30 % der Frauen ihr Einkommen von Angehörigen (Ehemann?) beziehen, 7,3 % arbeitslos sind und damit ein Arbeitskraftpotenzial von 37,3 % für die deutsche Wirtschaft brachliegt.

In 2012/2013 hat das Statistische Bundesamt außerdem eine Zeitverwendungserhebung in Auftrag gegeben, die ermittelt, dass Frauen mit rund 45,5 Stunden insgesamt eine Stunde mehr als Männer arbeiten und zwei Drittel ihrer Arbeit (beinhaltet u. a. Hausarbeiten) unbezahlt erfolgt.[69] Die Recherchen ergaben weiter, dass 4,1 Millionen Frauen einer Teilzeitaufgabe nachgegangen sind, während nur 706 000 Männer Teilzeit gearbeitet haben in 2014.[70] Laut dem Statistischen Bundesamt sollen 2014 61 % der erwerbstätigen Frauen (9,5 Millionen) in einem „Normalarbeitsverhältnis" (= eine unbefristete, sozial abgesicherte und tariflich entlohnte Vollzeittätigkeit) stehen.[71] Jedoch aus Sicht von IG-Metall-Vorstandsmitglied Christiane Benner ist dieser hohe Beschäftigungsgrad der Frauen in Deutschland irreführend: „Die nackte Zahl an berufstätigen Frauen sagt nichts über die Qualität der Jobs aus. Es ist kein Zufall, dass zwei Drittel der insgesamt über sieben Millionen Minijobber weiblich sind. Die Meinung, dass Frauen in allen Bereichen den Männern „voll und ganz gleichgestellt" seien, vertraten demnach gerade einmal 19 % der Befragten (...)."[72]

Gerade jetzt im Zeitalter des Fachkräftemangels sollten die Frauen ein wichtiger zusätzlicher Pfeiler der Personalstrategie sein: Die Frauen sind zum Teil ausbildungstechnisch gebildeter als die Männer: „(...) Aktuell waren unter den Studienberechtigten 52 % Frauen und 48 % Männer (...)."[73] Vor diesem Hintergrund empfiehlt es sich, systematischer Frauenförderung zu betreiben. Dies geschieht zum Beispiel, indem Trainings, Coachings und Mentoring-Programme angeboten werden, um potenzielle Bewerberinnen „anzulocken". Außerdem bietet es sich an, unternehmensübergreifende, branchenspezifische Frauennetzwerke zu unterstützen, um so ein Netzwerk mit den besten „Frauenköpfen" aufzubauen.

Um für Frauen ein attraktiver Arbeitgeber zu werden, müssen die Unternehmen den Frauen endlich stärker vermitteln, dass eine Schwangerschaft, auch von der Geschäftsleitung, nicht als Krankheit angesehen wird, sondern, dass eigens dafür flexible Arbeitszeitmodelle zur Vereinbarkeit von Beruf und Familie angeboten werden. Frauen sollten ermutigt werden, eine Karriere trotz Kinderwunsch anzustreben. Viele stellen sich aber unter ihren eigenen Scheffel, weil ihr Selbstbewusstsein hinter den Männern zurückbleibt, die geübt sind, sich als „Silberrücken" darzustellen, und gern herausbrüllen, was sie doch alles geleistet haben. Trotz fraulicher Kommunikationsfreude sprechen die Frauen über diesen Punkt gar nicht gern. Frauen erledigen stillschweigend (darüber) ihre Arbeiten, weil es für sie selbstverständlich ist, das Notwendige zu erledigen. Sie haben nicht den Drang, darzustellen, was sie alles geleistet haben. Aber das ist das Hauptproblem in der Arbeitswelt, die noch immer von Männern dominiert wird. Ein Mann teilt seine Leistung mit und wenn sein Gegenüber seine eigene Leistung nicht darstellt, dann hat er keine Leistung erbracht. Konsequenz: Es fällt den Männern deswegen schwer, der Leistung einer Frau den notwendigen Respekt zu zollen. Die Frau empfindet im Gegenzug das Verhalten ihrer männlichen Kollegen als respektlos, was wiederum zur Frustration führt und ihr Selbstbewusstsein weiter schmälert. Dabei handelt es sich nur um ein Missverständnis, das aus dem unterschiedlichen Geschlechterverhalten resultiert.

Umso wichtiger ist, dass das Selbstbewusstsein der Frauen gefördert wird. Mehr Mut-Zusprache muss erfolgen, dass sie es schaffen kann, genauso wie die Männer die Karriereleiter hochzuklettern, und wenn sie Mütter werden, dass man sie dabei unterstützen wird. Das Selbstbewusstsein der Frau wird auch das Leben der Partner verändern, da sie künftig mehr gefordert sein werden bei der Vereinbarkeit von Familie und Beruf. Die Verantwortung für die Kinder wird damit auf beide Schultern verteilt. Dafür ist aber unerlässlich, dass Frauen die gleichen Gehälter bekommen wie Männer. Ebenso besteht die Notwendigkeit, das Ehegattensplitting zu reformieren, weil es viele Frauen und Mütter davon abhält in größerem Umfang erwerbstätig zu werden.[74] Damit sie auf gleicher Augenhöhe mit ihren eigenen Männern kommunizieren können, wenn Nachwuchs kommt. Die Frau müsste also nicht (automatisch) zu Hause bleiben, weil ihr Lohn gerade Mal für die Kita-Plätze der Kinder reicht.

Die Realität sieht jedoch vor, dass zum Beispiel bei leitenden Vollzeitstellen die durchschnittlichen Bruttostundenlöhnen zwischen Mann und Frau weit auseinandertriften: Männer verdienen pro Stunde 45,66 Euro, Frauen hingegen nur 34,36 Euro. Bei der Gruppe „herausgehobene Fachkräfte" (abgeschlossene Berufsausbildung, mehrere Jahre Berufserfahrung) verdienen Männer im Schnitt 28,75 Euro und die Frauen nur 24,09 Euro.[75] Noch 2015 hat die Frau im Schnitt 21 % weniger als der Mann verdient, womit das Ziel der Bundesregierung bis 2010 die „Gender-Pay-Gap" auf bis zu 15 % zu reduzieren verfehlt worden ist und sich generell die Frage aufwerfen lässt, wieso nicht gleich 0 % angestrebt worden sind.[76] Hinzu kommt, dass der sogenannte „Durchschnitt" von 21 % die Realität beschönigt, denn im Detail bedeutet das, dass der „Gender-Pay-Gap" in verschiedenen Wirtschaftszweigen höchst unterschiedlich ausfällt: Am größten ist die Lücke im Bereich „Erbringung von freiberuflichen, wissenschaftlichen und technischen Dienstleistungen (–32 %), gefolgt von Banken und Versicherungen (–30 %), dem verarbeitenden Gewerbe (–25 %), dem Handel sowie dem Bereich Information und Kommunikation (–24 %). Auch im Gesundheits- und Sozialwesen, wo die Erwerbstätigkeit von Frauen traditionell stärker ausgeprägt ist, waren die Verdienstunterschiede mit –23 % vergleichsweise hoch.[77] Es gibt aber auch Ausnahmen: 2014 hat das Onlineportal „Gehaltsvergleich.com" zwar keine besseren Ergebnisse ermittelt (Geschäftsführerinnen –31,7 %, Einkäuferinnen –22,9 % usw.), aber dafür verdient eine Steuerfachangestellte durchschnittlich sogar +1,4 % mehr als ihre männlichen Kollegen. Leider war dies die Einzige von den 150 getesteten Berufsgruppen, bei denen Frauen mehr als Männer verdienen.[78]

Frauen, welche die finanzielle Verantwortung für die Familien (mit)tragen wollen oder müssen, sollten tatkräftiger unterstützt werden, um ihnen eine gute Vereinbarkeit von Beruf und Familie zu ermöglichen, aber auch gegebenenfalls der „Haupternährer" der Familie zu sein. Nur so kann das brachliegende „Arbeitskraftpotenzial Frau" von den Unternehmen langfristig genützt werden. Hinzu kommt, dass viele Frauen gern wieder Vollzeit arbeiten oder die Stundenzahl ihrer Teilzeitverträge erhöhen oder nach den Mutterschaftszeiten wieder in den Beruf einsteigen würden, aber keine Chance bekommen.

Es mangelt nicht am Willen der Frauen, das Frauenbild zu verändern und Berufsleben und Kindererziehung zu kombinieren, sondern es mangelt noch immer an der gesellschaftlichen Akzeptanz und Unterstützung. Die Arbeitgeberwelt ist noch oft altmodisch geprägt, auf das männliche Geschlecht ausgerichtet und geht zu wenig auf die Wünsche und Bedürfnisse beider Geschlechter ein. Schade, da gerade Mütter reine Organisationstalente sind und in kürzester Zeit sogar mehr schaffen als vor ihrer Mutterschaft.

Auf den Punkt gebracht

Renate Schmidt (SPD) hat es auf den Punkt gebracht, als sie sagte: „(...) die Fachkräfte sind da: nämlich die Frauen, deren Potenzial viel zu wenig erkannt wird"[79]. Klartext: Es wird Zeit, zu handeln! Den Fortschritt zu fördern und altmodische Einstellungen endlich beiseitezuschieben. Neuen Rollenmustern muss eine Chance gegeben werden, Frauen mit/ohne Familie müssen künftig mehr (emotional, finanziell und politisch) gefördert werden und die gleichen Gehälter bekommen wie die Männer. Das Ehegattensplitting muss an die berufstätigen (künftig auch) gutverdienenden und gleichgestellten (Forderung: 0 % Gender-Pay-Gap) Frauen angepasst werden. Wenn Deutschland nicht handelt, wird der Fachkräftemangel ein Problem werden, dessen Ausmaß wir uns noch nicht vorstellen können.

Die zusätzliche Arbeitskraft von morgen – Fördern von Menschen mit Behinderung

Es ist leider in Deutschland üblich, dass man lieber in die Ferne schaut, als das, was vor einem liegt, genauer zu prüfen. Man überwindet eher hohe Bürokratieberge, um Fachkräfte aus dem Ausland zu rekrutieren, bevor man die Vorurteile gegenüber körperlich behinderten Menschen ablegt. Dabei gibt es viele kluge Köpfe unter ihnen, die häufig (bewusst) übersehen oder übergangen werden. Körperliche Behinderung muss kein Hindernis sein, um eine Arbeit am Computer auszuführen oder im Service-Callcenter zu arbeiten. Die Berührungsängste mit dem „behinderten Menschen" sollten beiseitegeschoben werden, gerade im Zeitalter des Fachkräftemangels. 2013 lebten innerhalb unseren vier Generationen 81 Mio. Deutsche und 10,2 Mio. Menschen, die eine amtlich anerkannte Behinderung haben. 7,5 Mio. davon sind schwerbehindert und 2,7 Mio. leben mit einer leichten Behinderung.[80] Man muss allerdings berücksichtigen, dass diese Gruppe in den zuvor aufgezeigten Arbeitskräftepotenzialannahmen nach Generationen enthalten ist. Es kann angenommen werden, dass das echte Potenzial um gerade diese 7,5 Millionen Menschen mit schwerer Behinderungen kleiner ist als angenommen. Gerade das weist noch deutlicher auf die Notwendigkeit hin, Menschen mit einer Behinderung am Arbeitsplatz zu fördern und ihnen eine Gelegenheit zu geben, ihren Wirtschaftsbeitrag zu leisten. Vorausgesetzt, sie können und wollen.

Soziales Engagement in den eigenen Reihen kann die Unternehmenskultur überaus positiv beeinflussen, da es bei den gesunden Mitarbeitern die allgemeine Egomanie, die latente Unzufriedenheit und das Meckern auf hohem Niveau senken kann, sodass sie selber etwas zufriedener mit sich werden. Ein weiterer Vorteil für die Unternehmen ist, dass das Gehalt dieser Arbeitnehmergruppe für die Dauer von bis zu fünf Jahren bis zu 600 Euro monatlich bezuschusst werden kann[81]. Unternehmen, die zusätzlich Ausbildungsplätze für schwerbehinderte Jugendliche schaffen, erhalten vom *Intergrationsamt*[82] eine Prämie von 3000 Euro. Wenn nach Abschluss der Ausbildung eine Übernahme in ein sozialversicherungspflichtiges Arbeitsverhältnis erfolgt, erhält der Betrieb nochmals eine Prämie von 5000 Euro.[83]

„Eingliederungszuschüsse können Arbeitgeber zum Ausgleich einer Minderleistung erhalten, wenn sie Arbeitnehmerinnen und Arbeitnehmer mit Vermittlungshemmnis einstellen. Für ältere, behinderte oder schwerbehinderte Menschen kann der Leistungsumfang erweitert werden."[84]

Auf den Punkt gebracht

Kontaktdaten zum Integrationsamt je Bundesland:
www.integrationsaemter.de/kontakt.

Richtige Kommunikation der Unternehmenskultur nach außen

Die meisten Unternehmen sind aufgrund des Nachwuchsmangels gezwungen, umzudenken, attraktiver für die Bewerber zu werden, indem das Unternehmen seine Unternehmenskultur in gewisser Weise an alle vier vorhandenen Generationen im Unternehmen anpasst. Ein Unternehmen mit einer starken Arbeitgebermarke und großem Personalmarketingbudget kann hier leichter zukunftsfähiger bleiben und stets schnell auf den Arbeitsmarkt reagieren. Aber auch sie stehen vor dem Problem, dass Bewerber sie „rauspicken" und nicht wie früher umgekehrt sie die Bewerber. So manches Unternehmensego ist deswegen angeknackst. Das sogenannte „Employer Branding" nimmt daher im Personalmarketing eine verstärkte Position ein. Das Leben einer Unternehmenskultur, wenn sie wirklich von oben nach unten transportiert wird, kann das Argument für die kleinen und mittelständischen Firmen sein, dass ein Bewerber sich gerade für sie und nicht für den bekannten Markenbetrieb entscheidet.

Egal ob großes, mittleres oder kleines Unternehmen – alle müssen sich heute viel stärker um das Vertrauen der Bewerber bemühen als früher. Vertrauensbildende Kommunikationsmaßnahmen müssen daher verstärkt ergriffen werden, die (nicht nur) suggerieren, dass das Unternehmen langfristig eine stabile Perspektive vorzuweisen hat und sichere, attraktive sowie abwechslungsreiche Arbeitsplätze bieten kann. Gerade im Zeitalter von „Social Media" verlieren Unternehmen schnell an Glaubwürdigkeit, wenn sie ihre dargestellte Unternehmenskultur nicht über alle Unternehmensebenen hinweg leben oder ein Unternehmen Bewerber mit dem Prinzip der Flexibilität „anlockt", aber in Wahrheit gegen individuelle Arbeitszeitgestaltung ist.

Jedes Unternehmen sollte seinen Nachwuchs möglichst kontinuierlich selbst aufbauen (Ausbildungsplätze, Trainee-, Studienprogramme und Praktika anbieten), sein Netzwerk pflegen und Personalmarketing anwenden, auch wenn kein akuter Bedarf an Mitarbeitern vorliegt. Viele Unternehmen beginnen erst Personalmarketing zu betreiben, wenn sie neue Mitarbeiter suchen. Das ist falsch, da folgendes Zitat auch im Personalmarketing gilt: Der Kaugummikönig Phillip K. Wrigley (1894 bis 1977) wurde während einer Flugreise gefragt, „(...) warum seine Firma ihre Werbung unverändert fortsetze, obwohl ihre Umsätze höher denn je seien. Wrigely fragte zurück: Warum lässt der Pilot noch immer die Motoren laufen, obwohl wir ohnehin bereits 5000 Meter hoch sind?"

Gerade bei modern gestalteten Homepages wird zunehmend auf Text verzichtet und mehr auf die Bildersprache gesetzt. Das Motto der Werbeagenturen lautet: mehr Emotionen schaffen. Emotionen sind gut, aber das Vertrauen aufzubauen ist wichtiger. Und das geht eben in der Regel nur mit der Argumentation für etwas. Dafür ist die klassische (Personal-) Marketingkommunikation unerlässlich. Somit sollten die wichtigen Textinhalte nicht gestrichen werden, damit stattdessen für die „Emotionsebene" mehr Platz geschaffen wird. Wir dürfen nicht vergessen, dass unsere Homepage-User unsere Seite nur deswegen besuchen, weil sie Informationen über uns haben wollen oder einholen möchten. Und nicht, weil sie nur einen Eindruck von uns anstreben oder Bildchen anschauen wollen. Diese „smarten" Homepages vergessen, gerade die vertrauensbildenden Maßnahmen zu kommunizieren, wie die Unternehmensphilosophie lautet, welche Unternehmenskultur herrscht und wer (Namen mit Gesichtern) für die Unternehmenszukunft sorgt.

Es bleibt ein Rätsel, warum das Rad immer wieder neu erfunden wird! Leider haben Grafiker, Homepageprogrammierer und die Werbeagenturberater meist eben kein abgeschlossenes Betriebswirtschaftsstudium, in dem, neben anderem, auch die Regeln des strategischen Managements gelehrt werden: Ohne die Vorstellung von einer Mission (Aufgabe) kann man sich keine strategisch wichtigen Ziele setzen. Und ohne die Umsetzung eines Strategie-/Maßnahmenplans kann man die Ziele nicht erreichen.[85] Ein Unternehmen, das auf seiner Homepage dem Kunden nicht erklärt, was die genauen Aufgaben des Unternehmens sind, welche Vorteile es dem Kunden bieten kann, und ganz auf vertrauensbildende Maßnahme verzichtet (Offenlegung wer – Personen/ Gesichter/ Team – hinter der angebotenen Dienstleistung und/oder dem Produkt liegt), kann nicht von seinen Bewerbern erwarten, Vertrauen zum Unternehmen zu fassen, geschweige nach dem Besuch der Homepage die Unternehmenskultur zu kennen und zu verstehen. Oder dass der Bewerber sich fragt (und zwar bevor er die Bewerbung losschickt) ob er zu der Firma, die Firma zu ihm passt und seine Wertvorstellungen mit dem der Unternehmung übereinstimmen. Konsequenz: Der Interviewer muss im Vorstellungsgespräch wertvolle Zeit aufwenden (die eigentlich genutzt werden sollte, um den Bewerber kennenzulernen), um vom Unternehmen zu berichten und die Unternehmenskultur dem Bewerber näherzubringen. Folglich: Erst während eines Vorstellungsgespräches oder danach kann der Bewerber sich Gedanken machen, ob seine Wertevorstellung, Erwartungen, Anforderungen und Wünsche zu der Unternehmensphilosophie und -kultur passen. Es ist eine Grundvoraussetzung, dass der Bewerber die Homepage gut kennt und sich vorab über die Firma informiert. Deswegen sollte ihm auch der Lesestoff zur Verfügung gestellt werden. Das ist ein Grund, warum viele Unternehmen extra zielgruppengerechte Karriereseiten auf ihrer Homepage eingerichtet haben, um spezifisch bei bestimmten Mitarbeitern das Interesse zu wecken. Sehr ansprechend und eine gute Methode ist, einzelne Berichte von aktuellen Mitarbeitern mit emotional ausgerichteten Fotos der Mitarbeiter und der Arbeitsorte abzubilden.

Vorteil: Die wertvollen 60 bis 90 Minuten Gesprächszeit in einem Vorstellungsgespräch können wieder dafür verwendet werden, den Bewerber kennenzulernen und hinter die „Fassade" des Bewerbers zu schauen.

Auf den Punkt gebracht

Überprüfen Sie Ihre Homepage und betreiben Sie auch bei keinem konkreten Mitarbeiterbedarf ein effektives und langfristig ausgerichtetes Personalmarketing.

Wie kann man Unternehmenskultur attraktiver gestalten, um Mitarbeiter an das Unternehmen (stärker) zu binden und gleichzeitig interessanter für die Bewerber zu werden?

Der moderne Arbeitgeber von heute muss attraktiver werden: mithilfe von flexibleren Arbeitszeitmodellen, die sich der individuellen Lebenssituation des Arbeitnehmers anpassen, oder mit Möglichkeiten, sich parallel zur Arbeit weiterzubilden. Zur Erinnerung, was Jack Welch gesagt hat: „Man muss aus seinem Unternehmen den aufregendsten Ort der Welt machen."[86] Um dies zu schaffen, ist es notwendig, die Talente jedes einzelnen Mitarbeiters zu erkennen und seine Stärken gerecht einzusetzen. Ein gutes Instrument hierfür sind sogenannte „Talent-Identifikations-Programme" wie zum Beispiel die DGC Zoom®-Organisationsklimauntersuchung.[87] Neben der Schaffung von steigenden Leistungseffizienzen ist der zusätzliche Vorteil, dass die Mitarbeiter an das

Unternehmen gebunden werden, da ihre Karriereverläufe strukturiert, individualisiert gefördert und mitarbeiterbedürfnisgerecht sind.

Unternehmen müssen die Förderung ihrer Mitarbeiter als Aufgabe anerkennen, ihre Führungskräfte anhalten, bei der Identifikation der Talente ihrer Mitarbeiter mitzuarbeiten und Aufgaben ihrer Bereiche an andere Mitarbeiter abzugeben. Die Führungskräfte müssen vermehrt, ohne ihre eigene Arbeit zu vernachlässigen, die Rolle des „Karriere-Coachs" einnehmen. Zur Verstärkung der Mitarbeiter müssen Unternehmen bereit sein, jeden einzelnen Mitarbeiter ernst zu nehmen, ihm mehr Vertrauen entgegenzubringen und mehr Abwechslung zu bieten, damit er sich immer wieder neu beweisen kann und seine Begabung auf vielfältige Weise in das Unternehmen einbringt. Das erfordert, einen Wechsel von Fach-, Land-/Gebiets- und Projekteinsätzen zuzulassen sowie auf gute Führung zu bauen, wobei das gegenseitige Vertrauen im Mittelpunkt steht. Mittelständische Betriebe sollten davon absehen, Jobrotation einzuführen, wie das große amerikanische Firmen praktizieren, wobei Mitarbeiter sich jedes Jahr neu auf eine andere Stelle bewerben müssen. Kein mittelständisches Unternehmen kann sich auf Dauer diese Idee leisten aufgrund der zusätzlichen administrativen Arbeiten (Personalbüro, Lohnabrechnung/Steuerberater), der zusätzlich anfallenden Einarbeitungszeit der Mitarbeiter und Restrukturierungszeiten der Führungskräfte. Das Risiko, dass das Alltagsgeschäft darunter leidet, ist zu hoch. Bieten Sie lieber Abwechslung durch Fach- und fachübergreifende Fortbildungen und Aufgabenerweiterungen. Ihre Mitarbeiter haben mehr davon und bei einem Mitarbeiterausfall kann dieser leichter ersetzt und die Lücke leichter geschlossen werden, indem die Arbeitspläne entsprechend flexibel verschiebbar sind.

Servicepolitik des Arbeitgebers für den Arbeitnehmer

Das Anbieten von ortsunabhängigen Arbeitsplätzen ist nicht nur familienfreundlicher, sondern ermöglicht auch den Arbeitnehmern ihre Zeit sinnvoller (z. B. für die Arbeit) zu nutzen, als diese im Stau stehend zu vergeuden. (Hinzu kommt, dass Staus Menschen aggressiv machen. Es entsteht Stress und Angst vor dem Ärger mit dem Vorgesetzten.) Das Thema flexible Arbeitsplätze nimmt weiter an Bedeutung zu, da die Mieten/Immobilienpreise in Ballungsräumen immer teurer werden, weshalb die Arbeitnehmer sich zunehmend genötigt sehen, ins Umland zu ziehen, was entsprechend hohe Fahrzeiten zum Arbeitsplatz bedeutet. Für diese Mitarbeiter ist die Möglichkeit, daheim zu arbeiten, ein attraktives Angebot. Es macht sie außerdem entspannter, weil sie weniger Stress ausgesetzt sind, was wiederum zu einem besseren Betriebsklima führen kann. Flexible Arbeitsort-/Zeitmodelle können einen echten Vorsprung für die Fachkräftegewinnung bedeuten, aber auch eine Sicherung der Personalbindung sein. Mit dem Arbeitgeberangebot, Beruf und Privates leichter „unter einen Hut" zu bekommen, können leichter motivierte und zufriedene Mitarbeiter gewonnen werden, aber auch die bestehende Mannschaft wird zufriedener mit sich, ihrer Familie und ihrem Beruf.

Folgender Unternehmensservice für Ihre Mitarbeiter könnte Sie als Arbeitgeber attraktiver machen:

- **Gleitzeitarbeit einführen**
  Vorteil: Arbeitsvolumen kann an die Auftragslage angepasst werden. Kaum Überstundenzuschläge, da Arbeitszeitvolumen nur bei Bedarf überschritten wird. *Nachteil:* Arbeitszeitkonten müssen geführt werden und Zeitnachweissysteme sind teuer. Mehr administrativer Aufwand für Personalabteilung, Buchhaltung und Steuerberater. Dadurch entstehen zusätzliche Kosten.

- **Angebot von Früh- (8 bis 17 Uhr) oder Spätschichtmodellen (09:30-18:30 Uhr)**
  Vorteil: täglich längere Kundenerreichbarkeit. Klar regelbar und planbar.

- **Vertrauensarbeitszeit**
  Vorteil: Förderung des unternehmerischen Denkens, der Arbeitnehmer wird anhand von Zielvereinbarungen und Ergebnissen bewertet. Ergebnisorientierung wird gefördert. Das Unternehmen muss weniger Büros zur Verfügung stellen. *Nachteil:* In der Regel nur für Projektarbeiten und Vertriebstätigkeit möglich. Alle Arbeitsstunden, die über die vereinbarte tägliche Arbeitszeit hinausgehen, müssen dokumentiert werden.

- **Teil- und Vollzeitstellen anbieten/Jobsharing (zwei Teilzeitkräfte teilen sich eine Vollzeitstelle) / 60 bis 80 % Arbeitszeitstellen anbieten**
  Vorteil: Vereinbarkeit von Weiterbildung und Beruf, da anpassbar an die Lebenssituationen des Arbeitnehmers (Familie, Weiterbildung, Studieren), aber auch an die des Betriebes: Der Betrieb kann flexibler auf die Auftrags-

lage reagieren und Fixkosten reduzieren (z. B. weniger Gehalts-/Lohnkosten).

- **Homeoffice/Telearbeit**
  Heute nennt man das gern Telearbeit. Im Grunde ist damit gemeint, dass dank der modernen Technik ein Arbeiten unabhängig von Ort und Zeit möglich ist. Sprich: auch das Arbeiten zu Hause (Homeoffice). Telearbeit bedeutet meist: ein paar Tage Homeoffice und ein paar Bürotage. *Vorteil:* Menschen mit Behinderung oder Familie können leichter beschäftig werden, da sie daheim arbeiten. Vereinbarkeit von Weiterbildung und Beruf, da anpassbar an die Lebenssituationen des Arbeitnehmers (weniger Pendlerzeit, Familie, Weiterbildung, Studium), aber auch an die des Betriebes: Der Betrieb kann flexibler auf die Auftragslage reagieren und seine Fixkosten reduzieren (z. B. müssen weniger Büros zur Verfügung stehen).

! **Achtung:** Flexible Arbeitszeiten brauchen klare Grenzen, um arbeitsbedingte Erkrankungen zu verhindern und die konsequente Umsetzung des gesetzlich geregelten Arbeits- und Gesundheitsschutzes zu gewährleisten. Überstunden sollten abgegolten werden – auch bei höher bezahlten Positionen.

- Nachweisbar notwendige Überstunden bezahlen oder in Form von Urlaubsstunden dem Arbeitnehmer anrechnen.

- Arbeitsbegleitende/s Fortbildungen/Studium/Aufbaustudium/Promotion. Zur Erinnerung: „Maßnahmen der Betriebe zu Höherqualifizierung spiegeln sich auch in der Wahrnehmung der Beschäftigten wider: In den Betrieben, die Höherqualifizierungen anbieten, empfinden die Beschäftigten ein signifikant höheres Interesse des Betriebes an ihrer Weiterentwicklung als in Betrieben, die dieses Instrument nicht anbieten."[88]

Folgende Serviceangebote für die Mitarbeiter können den Arbeitgeber attraktiver machen und die Mitarbeiter binden:

- Gleichberechtigte Behandlung bei der Entlohnung von Mitarbeitern und Entlohnungseinteilung nach Arbeitsebenen: „Arbeiter", Projektleiter, Führungsverantwortung usw. Die zu erbringende Arbeitsleistungen/-zeit, Position (damit wird bereits die Ausbildung berücksichtigt) und nicht das Geschlecht, Alter, Ausbildung oder Herkunft sollten mit dem Gehalt abgegolten werden. Bedenken Sie stets: Eine ungleiche Bezahlung bei gleicher Arbeit führt unnötig zu Demotivation und ist betriebswirtschaftlich gesehen, kontraproduktiv.
- Anstatt des klassischen „Montagsmeetings" ein gemeinsames Frühstück, bei dem sich die Abteilungen gegenseitig auf den aktuellen Stand bringen.
- Hunde mit zur Arbeit bringen dürfen (z. B. ein Hunde pro Abteilung/wöchentliches Hunde-Rotieren).
- Unternehmenseigene (gebuchte) Kindertagessplätze anbieten/eigenen Unternehmenskindergarten.

- Mittagessenbestellservice/Kantine anbieten.
- Manche Firmen leisten sich gute „Feen", die kleine Essenswünsche zum Arbeitsplatz bringen, Besprechungsräume einrichten und die Sitzungsteilnehmer mit Essen und Getränken versorgen. Kleine Botengänge, wie zum Beispiel Kleidung aus der Reinigung abholen, erledigen diese Feen auch.
- Früchtekorb, saisonales Gebäck, Heiß- und Kaltgetränke kostenlos anbieten.
- Verstärkt setzen Unternehmen auf Firmenkleidung, die nicht nur die Anforderungen des Arbeitsschutzes erfüllt, sondern auch schick sind. Die einheitliche Kleidung wirkt nicht nur professionell, sondern soll auch gerne getragen werden und damit den Teamgeist und die Mitarbeiterbindung stärken, sowie dem Kunden signalisieren, wofür das Unternehmen steht.
- Beteiligung der besten Mitarbeiter am Unternehmen (z. B. Gesellschafter bei GmbH). Eine AG kann allen Mitarbeitern die Beteiligung anbieten.
- Gründung von firmeneigenen Clubs, die zum Beispiel nach Geschlechtern oder Interessen/Hobbys ausgerichtet sind beziehungsweise Freizeitwerte bieten. Das fördert auch den Teamgedanken und nicht nur die persönliche Bindung an das Unternehmen.
- Bewusstsein schaffen für die Gesundheit der Mitarbeiter durch visuelle Motivationsanreize, wie „Trink mehr Wasser", „Iss einen Apfel", „Nimm die Treppe statt den Aufzug". Auch die Chefs sollten hier als gutes Vorbild fungieren.

- Verantwortung für das Wohlbefinden und damit für die Gesundheit der Mitarbeiter übernehmen: Gleichberechtigt, unabhängig von Alter oder Betriebszugehörigkeit oder Funktionsebene, sollte allen Mitarbeitern die gleiche Anzahl von Urlaubstagen zustehen.
- Eine „Wohlfühl-Oase" schaffen mit farblich schön gestalteten Arbeitsräumen und themenbezogenen Räumen, wie „Teilen und Diskutieren" (= Meeting-, Brain-Storming-Zimmer), „Gedankenzimmer" (= dort kann man allein arbeiten, nachdenken oder auf einem gemütlichen Lounge-Möbel sich in Themengebiete einlesen) oder „Anti-Social-Media-Zimmer", in dem kleine Freizeitaktivitäten (z. B. Kicker, Tischtennis usw.) während der Pausen möglich sind (= dort wird auf alles Digitale bewusst verzichtet, damit der persönliche Kontakt und Austausch zwischen den Mitarbeitern innerhalb gemütlicher Kaffee- und Spielecken stattfindet).
- Stets die modernsten technischen Arbeitsmittel und ergonomisches Mobiliar zur Verfügung stellen, um überall zeitsparend arbeiten zu können und die Krankheitsrate (Rücken-, Handgelenk-, Augenprobleme usw.) zu reduzieren.
- Wenn Arbeitnehmer ein Smartphone oder eine Internetverbindung zur Verfügung gestellt bekommen, sollte man den Mitarbeitern vertrauen, dass sie dennoch ihre Arbeit gewissenhaft erledigen werden. Private Telefon- und Internetnutzung kann auch während der Arbeitszeit in gewissem Umfang gestattet werden. Als Arbeitgeber erwartet man ja auch gelegentlich Überstunden. Die Kosten für so ein Angebot kann durch Flatrates abgedeckt werden.

- In die Mitarbeiter investieren durch kontinuierliche Weiter- und Fortbildung.
- Seien Sie großzügiger bei betriebsbedingten Auswärtstätigkeiten. Passen Sie die Verpflegungspauschalen den steigenden Hotelpreisen an: Inzwischen sind Hotelpauschalen von 100 Euro realistischer als 80 Euro. Oder geben Sie erst gar keine Pauschalen vor und bauen Sie auf das Vertrauen in ihre motivierten Mitarbeiter im Sinne einer kostenbewussten Verhaltensweise. Nur unzufriedene Mitarbeiter sehen teure Hotelübernachtungen als eine Form der Entschädigung an.
- Tageszeitung zur Verfügung stellen, damit die Mitarbeiter sich über das aktuelle Zeitgeschehen informieren. Hier bieten sich Tageszeitung wie die *Welt Kompakt* an, da sie kurz und prägnant ist. Motivieren Sie Ihre Mitarbeiter, jeden Tag innerhalb der Arbeitszeit die Zeitung zu lesen. Sie fördern damit den Bildungs- und Wissensdrang der Mitarbeiter und bieten ihnen Gesprächsstoff mit den Kunden.
- Weihnachtsgeld/13. Monatsgehalt auszahlen und anbieten, dieses in eine Direktversicherung einzuzahlen (siehe Altersvorsorge mit steuerlichen Vorteilen).
- Mindestens einmal jährlich die Arbeitnehmer befragen, z. B. DGC Zoom®-Organisations-Klimauntersuchung[89], um das Klima innerhalb des Betriebs sowie die Wünsche und Bedürfnisse der einzelnen Arbeitnehmer herauszufinden – in der Absicht, Zielvereinbarungen miteinander zu treffen und Maßnahmenpakete zu schnüren.
- Kummerkasten einführen, in den die Mitarbeiter anonym ihre Wünsche und Anregungen einwerfen können.

- Firmenstandorte aussuchen, die das Leben der Mitarbeiter erleichtern: Eine Tankstelle, ein Geldautomat (kann man auch in einem Betrieb aufstellen lassen), eine Reinigung, Apotheke, ein Supermarkt und ein Kindergarten sollten in der Nähe sein.
- Shuttelservice zum Arbeitsplatz anbieten.

Firmengrößen wie Google oder Microsoft betreiben nicht diese überdimensionale „ausgetüftelte" Mitarbeiter-Servicepolitik (wo selbst die Kosmetikerin an den Arbeitsplatz kommt), weil sie ihre Mitarbeiter so lieb haben und sie deswegen an sich binden wollen. Im Gegenzug wird von ihren Mitarbeitern ein überdurchschnittlicher Arbeitseinsatz erwartet. Sehr hoch angesetzte Zielvereinbarungen müssen von den Mitarbeitern erfüllt werden. Damit sie diese erreichen, leisten große Firmen ihren Servicebeitrag an die Mitarbeiter. Die (Lebens-) Zeit der Mitarbeiter soll (möglichst nur) für die Arbeit verwendet und eben nicht mit „Privatkram" „vertan werden", wie zur Reinigung gehen, Essen einkaufen oder am Schluss noch wertvolle Zeit verlieren, um außerhalb der Firma (am Ende auch noch ohne Kollegen) ein Restaurant aufzusuchen.

So manch ein Arbeitnehmer hätte gern, dass seine Firma diese Servicepolitik für ihn betreiben würde. Aber können die Mitarbeiter den Anforderungen im Gegenzug gerecht werden und sind sie wirklich bereit, 85 % ihrer (Lebens-) Zeit der Firma zu widmen? Es wird gern übersehen, dass so eine Firmenpolitik auch negative Nebenwirkungen für die Mitarbeiter mit sich bringen können: Es entstehen neuer, künstlich erzeugter Stress und hoher Leistungsdruck/Anforderungserwartung. Solch einem Leistungsdruck kann nicht jeder Mitarbeiter standhalten. Am Ende stehen in der Realität auf dem Lebenskonto doch viel mehr lange Arbeitstage (obwohl viel mehr Freizeit erhofft wurde), ständiger Erreichbarkeitsdruck (u. U. auch am Wochenende), weniger körperliche Bewegung, da viele Gehstrecken (wie z. B. eben zum Supermarkt, zur Reinigung gehen) abgenommen werden (das firmeneigene Fitnessstudie besucht nicht jeder, nur weil es angeboten wird). Aber auch (notwendige) Rituale im Privatleben gehen verloren, etwa mit dem Lebenspartner Sport zu machen (und nicht mit den Kollegen im firmeneigenen Fitnessstudio), zusammen zu kochen oder auf den Märkten einkaufen zu gehen. Der Preis kann der Verlust von Glück im Privatleben sein – aufgrund der von der Firma angebotenen Bequemlichkeiten.

Fakt ist: Firmen, die gezielte Servicepolitik betreiben und viel in die „Lebensqualität der Mitarbeiter" investieren, erwarten im Gegenzug (berechtigt), dass die Mitarbeiter bereit sind, Überdurchschnittliches zu leisten. Nichts ist umsonst, alles hat seinen Preis.

Servicepolitik des Arbeitgebers mit steuerlich positiven Aspekten für den Arbeitgeber und -nehmer

Die Zauberworte lauten „steuer- und sozialabgabefreie Arbeitgeberleistungen", die gezielt zur Honorierung außerordentlicher Leistung eingesetzt werden können und/oder zur Bindung von langjährigen Mitarbeitern dienen können. Auch wenn es sicherlich eine Art von Gehaltserhöhung ist, ist davon abzuraten, sich zu erhoffen, damit alleine einen dauerhaften Motivationsanschub zu bewirken oder es als Gehaltserhöhung zu verkaufen. Begründung: Selbst Bonuszahlungen schaffen erst echte Anreize, wenn sie 7 % des jährlichen Bruttogehaltes ausmachen[90]. Gehaltserhöhungen an sich werden schnell als selbstverständlich angesehen. Das ist auch der Grund, Provisionszahlungen vierteljährlich auszuzahlen und nicht zum Ende des Jahres, da sie sonst gern wie ein zusätzliches Weihnachtsgeld angesehen werden und nicht als Honorierung der eigenen Leistung.

> ***Beispiel Weihnachtsgeld:***
>
> *Über das Weihnachtsgeld freuen sich die Mitarbeiter im ersten Jahr meist noch, im zweiten Jahr ist es bereits eine Selbstverständlichkeit geworden und wird sogar erwartet. Dabei ist das oft eine freiwillige Leistung des Arbeitgebers, welche in der Regel noch nicht einmal vertraglich fixiert ist.*

Achtung: Eine materielle Belohnung schafft langfristig nur einen echten Anreiz in Kombination mit immateriellen Anreizen (Aussprache der Wertschätzung für die geleistete Arbeit/ Ausbildungs- und Aufstiegschancen bieten/soziale Anreize schaffen). Genau aus diesem Grund ist es auch so wichtig, klar und zeitnah zu kommunizieren, warum Sie *gerade mit dieser* steuer- und sozialabgabefreien Leistung den Arbeitnehmer belohnen: Weil Sie dem Mitarbeiter *jetzt gerade* etwas Gutes tun wollen, weil Sie mit ihm *jetzt besonders* zufrieden sind und weil Sie auf diese Weise seine *jetzige* Leistung honorieren möchten und/oder ihn gern auf diese Weise *langfristig* an sich binden möchten. Einzelne Leistungen zur Honorierung können Sie auch zur Motivation (Leistungsanreize schaffen) nutzen und mit ihrer Hilfe die Unternehmenskultur unterstützen (Beispiel: Das beste Team darf zur Erholung eine Reise machen, allen Mitarbeitern stehen kostenlos die Getränke und Parkplätze zur Verfügung usw.)

Vielleicht finden Sie in den folgenden Seiten weitere Anregungen[91], die Sie im Anschluss mit Ihrem Steuerberater und Ihrer HR-Abteilung detaillierter diskutieren möchten:

- **Sachzuwendungen/Sachgutscheine bis zu 44 Euro, monatlich:**
  Kleine Aufmerksamkeiten zum Geburtstag und zu Weihnachten, ganz nach der Devise „Kleine Geschenke erhalten die Freundschaft". Hier können Sie Gutscheine ausstellen, zum Beispiel Tankgutscheine, Fitnessgutscheine, Kinderbetreuungsgutscheine, Lebensmittelgutscheine. Aber Achtung: Es muss eine Sache und darf kein „Geld" sein und die Kopie der Rechnung muss als Nachweis in die Lohnakte. Tankgutscheine mindern den Fahrtkostenabzug für die Fahrten von der Wohnung zur Arbeitsstätte.
- **Sachzuwendungen > 44 Euro monatlich und ≤ 10.000 Euro jährlich:**
  Hier können Sie Gutscheine ausstellen, zum Beispiel für Reisen. Aber Achtung: Es muss eine Sache sein und darf kein „Geld" sein und die Kopie der Rechnung muss als Nachweis in die Lohnakte. Der Arbeitgeber muss die pauschale Lohnsteuer übernehmen, deswegen ist die Sachzuwendung für den Arbeitnehmer im Ergebnis steuerfrei, aber dafür sozialversicherungspflichtig.
- **Fahrtkostenzuschuss 0,30 Euro je km für Fahrten von der Wohnung zur Arbeitsstätte:**
  Ein Kostennachweis ist nicht notwendig, hier können Mitarbeiter, die mit Bus oder Bahn fahren, zu Fuß oder mit dem Fahrrad zur Arbeitsstätte kommen, diesen Fahrtenzuschuss erhalten. Der Arbeitgeber kann den Fahrtkostenzuschuss mit 15 % pauschal versteuern und ist sozialversi-

cherungsfrei. Der Arbeitnehmer verliert aber insoweit den Werbungskostenabzug.

- **Monat-/Jahresticket, Jobticket (Bahnticket):**
  Darf den Betrag von monatlich 44 Euro übersteigen. Der Arbeitgeber kann das Job-Ticket mit 15 % pauschal lohnversteuern. Das Job-Ticket ist dann sozialversicherungsfrei.

- **Telekommunikations- und Datenverarbeitungsgeräte inkl. Zubehör:**
  Der Arbeitgeber kann Laptop, Smartphone usw. sowie Zubehör zur teilweisen oder ausschließlich privaten Nutzung steuerfrei und sozialabgabefrei überlassen und die entsprechenden Kosten übernehmen bzw. erstatten.

- **Erholungsbeihilfen:**
  Der Arbeitgeber kann eine Zuzahlung für Erholungs-/Kururlaub pro Jahr bis zu 156 Euro für Arbeitnehmer, bis zu 104 Euro für Ehepartner und bis zu 52 Euro je Kind leisten.

- **Kindergartengebühren/Kita-Gebühren:**
  Steuerfrei sind nur zusätzliche Arbeitgeberleistungen, die zur Unterbringung einschließlich Unterkunft und Verpflegung sowie zur Betreuung von schulpflichtigen Kindern dienen. Nachweis der Kosten muss im Original erfolgen.

- **Bezuschussen der Internetgebühren vom Privatanschluss:**
  Der Arbeitgeber kann die 25 %ige pauschale Lohnsteuer übernehmen. Nachweiserleichterung für Internetgebühren bis 50 Euro monatlich. Voraussetzung: im Jahresdurchschnitt mindestens monatliche Gebühren in der Höhe des Zuschusses.

- **Nacht-, Sonn- und Feiertagszuschläge:**
  Soweit der für die Berechnung der Zuschläge maßgebende Stundengrundlohn 25 Euro nicht übersteigt, kann der Arbeitgeber gewisse Zuschläge steuer- und sozialabgabenfrei ausbezahlen.
- **Mittagessensmarken/Restaurantschecks:**
  Der Arbeitgeber kann Essensmarken bis zu einem Wert von 6,20 Euro verteilen, vorausgesetzt, der Arbeitnehmer zahlt 3,10 Euro pro Gutschein selber dazu, für jede Mahlzeit wird täglich nur eine Marke in Zahlung genommen und die Marken dürfen nicht an Arbeitgeber verteilt werden, die eine Auswärtstätigkeit (z. B. Außendienstmitarbeiter) ausüben.
- **Getränke:**
  Alkoholfreie Getränke können kostenfrei überlassen werden, sie sind steuer- und sozialabgabenfrei.
- **Firmenveranstaltungen:**
  Der steuerliche Freibetrag von 110 Euro brutto pro Arbeitnehmer pro Veranstaltung darf nicht überschritten werden. Die Teilnahme muss allen Arbeitnehmern offenstehen. Es sind nur zwei Veranstaltungen pro Jahr erlaubt, die dritte Veranstaltung wäre dann steuer- und sozialversicherungspflichtig.
- **Firmen-/Belegschaftsrabatt:**
  Ein Unternehmen, das Produkte herstellt, kann seinen Arbeitnehmern Sonderrabatte und Konditionen auf diese Produkte gewähren. Für Preisnachlässe auf Einkünfte des Arbeitgebers darf das Finanzamt bis zu einem Freibetrag von 1.080 Euro brutto pro Jahr, aber keine Steuern oder Sozialabgaben vom Arbeitnehmer verlangen.

- **Kleine Geschenke/Aufmerksamkeiten:**
  Je Geschenkanlass (z.B. Geburtstag, Jubiläum) darf den Wert von 60 Euro (inkl. USt.) nicht übersteigen. Diese Aufmerksamkeit darf neben dem Sachgutschein von 44 Euro monatlich ausgehändigt werden.

- **Firmenkleidung:**
  Berufs-, Schutzkleidung und Blaumann kann steuer- und sozialversicherungsfrei von der Firma gestellt und als Betriebsausgaben angesetzt werden. Bei privat getragener Firmenkleidung versteuern die Mitarbeiter den Sachbezugswert, außer das betriebliche Interesse steht im Vordergrund (Firmenlogo auf der Kleidung). Dann entfällt die Steuerpflicht. Aber Achtung: Die Ankleidungszeit muss vom Arbeitgeber vergütet werden.[92]

- **Leistungen zur Verbesserung des Gesundheitszustandes:**
  Pro Mitarbeiter sind 500 Euro steuer- und sozialversicherungsfrei für Leistungen zur Verbesserung des Gesundheitszustandes und der betrieblichen Gesundheitsförderung. Es kann aber auch als freiwillige Sonderzahlung angerechnet werden, falls diese nicht tariflich oder zwingend vereinbart wurden (siehe hierzu auch den Abschnitt „Sachbezug", „Kleine Geschenke/Aufmerksamkeiten").

- **Fortbildungsmaßnahmen:**
  Fortbildungsmaßnahmen, die der Arbeitgeber für den Arbeitnehmer bezahlt, sind steuer- und sozialabgabenfrei, wenn sie überwiegend im eigenbetrieblichen Interesse des Arbeitgebers stehen. Es darf sich nicht um eine Erstausbildung handeln, sondern um eine Fortbildung, es muss eine berufliche Veranlassung gegeben sein und dadurch

die Einsatzfähigkeit des Arbeitnehmers im Betrieb erhöht werden.

- **Parkplatz:**
  Der Arbeitgeber kann selbst angemietete Parkplätze den Arbeitnehmern unentgeltlich oder vergünstigt für das Abstellen ihrer Autos während der Arbeitszeit zur Verfügung stellen. Es liegt kein steuerpflichtiger Arbeitslohn vor. Ersetzt der Arbeitgeber dagegen dem Arbeitnehmer dessen Parkplatzkosten, Parkplatzgebühren oder Strafzettel, liegt steuerpflichtiger Arbeitslohn vor.

- **Umzugskosten:**
  Umzugskosten können lohnsteuer- und sozialabgabenfrei erstattet werden, vorausgesetzt, der Umzug ist beruflich veranlasst (z. B. Versetzung beim Arbeitgeber, Wechsel des Arbeitgebers, erhebliche Verkürzung der Entfernung zwischen Wohnort und erster Tätigkeitsstätte, Bezug einer Dienstwohnung).

- **Heimarbeitszahlung:**
  Arbeitnehmer gemäß § 2 Heimarbeitsgesetz können als „Heimarbeiter" einen lohnsteuer- und sozialabgabenfreien Zuschlag von 10 % des Grundlohns für Aufwendungen der Heimarbeit (z. B. Miete, Heizen, Strom, Arbeitsgeräte etc.) erhalten.

- **Betriebliche Altersvorsorge:**
  Beiträge zu einer arbeitnehmer- oder arbeitgeberfinanzierten betrieblichen Altersversorgung können bis zu 4 % der jährlichen Beitragsbemessungsgrenze der allgemeinen Rentenversicherung (Wert) in 2016 ist das ein Betrag von 248 Euro monatlich/2976 Euro jährlich steuer- und sozialabgabenfrei gewährt werden. Dieser Betrag erhöht

sich um weitere 1800 Euro, die steuerfrei, jedoch sozialversicherungspflichtig der betrieblichen Altersvorsorge zugerechnet werden können.

Auf den Punkt gebracht

Den kleinen Arbeitgebern und dem Mittelstand kann man nur raten: Schauen Sie sich an, was die Großen machen. Übernehmen Sie die Ideen, die eventuell für Ihr Unternehmen Sinn machen und mit denen Sie sich identifizieren können. Aber bitte machen Sie wirklich nur Dinge, die in Ihrem finanziellen Budget liegen. Bitte bedenken Sie: Nicht alles, was glänzt, ist Gold.

Es darf nichts künstlich erzwungen oder übertrieben werden bei den gegenseiteigen Erwartungen und Forderungen zwischen Arbeitgebern und Arbeitnehmern. Bei einem gesunden Maßhalten in Bezug auf Geben, Nehmen, Erwarten und Fordern wird das Betreiben einer effizienten Mitarbeiter-Servicepolitik durchaus für beide Parteien eine reine „Win-Win-Situation" werden. Es gilt aber, immer den „Faktor Mensch" einzubeziehen und nicht zu erwarten, dass die Mitarbeiter wie Roboter ständig Höchstleistungen bringen. Die Fürsorgepflicht muss stets eingehalten werden.

„Wer die Bedürfnisse des Menschen erkennt und richtig handelt, der wird bald ein reicher Mann sein."

Walter B. Walser

Die wichtigsten Gesichtspunkte bei der Auswahl neuer Mitarbeiter

Die richtige **Personal**führung beginnt bei der **Personal**suche – **Suche** nach der richtigen **Person**.

Ihnen wird vielleicht aufgefallen sein, dass kaum Wörter wie Personalsuche oder Personalführung in diesem Buch verwendet wurden, sondern versucht wurde, das Wort „Personal" mit „Mitarbeiter" zu ersetzen. Hintergrund: Es empfiehlt sich, von „unseren Mitarbeitern" und nicht von „unserem Personal" zu sprechen, da dies abwertend klingt und damit unnötig zu Demotivation führen kann. Versuchen Sie künftig auch, die Ich-Form zu vermeiden, um die emotionale Wertschätzung Ihrer Mitarbeiter zu kommunizieren, indem Sie künftig mehr Sätze wie „*Wir* versuchen, Ihnen so schnell wie möglich ein Angebot zukommen zu lassen. *Unser* Mitarbeiter Herr X wird …" bei Ihren Kunden zu verwenden, selbst wenn Herr X nicht anwesend ist *(=Wir-Form)*. Auch Firmeninhaber sollten stets in der Wir-Form sprechen, auch wenn kein Mitarbeiter im Raum ist. Ziel sollte sein, dass Sie und Ihre Mitarbeiter automatisch beginnen, in der Wir-Form zu sprechen. Das steigert das Gruppengefühl und zeigt, dass eine hohe Identifikation mit der Firma besteht. Ein selbstbewusster Arbeitnehmer, der wertgeschätzt wird, hat nicht das Bedürfnis, sich ständig in den Vordergrund zu spielen, sondern gliedert sich in das Team ein (auf gleicher Augenhöhe mit dem Chef). Nur gemeinsam sind Firmengewinne zu schaffen und jeder einzelne Arbeitsschritt jedes Mitarbeiters ist wichtig. Egal ob der Hausmeister, das Wachpersonal, die Empfangsdame, der Buchhalter, der Vertriebsleiter, die Geschäftsführung etc. Wenn sie alle motiviert sind und eine gute Arbeit abliefern, nur dann kann der Firmenerfolg kommen.

Bei der richtigen Mitarbeitersuche sind unsere eigenen subjektiven Einflüsse problematisch:

Zur Erinnerung: Bewerber zeigen sich im besten Licht, bereiten sich häufig auf die Gespräche, Fragen usw. professionell vor und zeigen mit großem Erfolg nur die vielversprechende „Fassade" von sich.

Wenn Sie das folgende Bild[93] genauer betrachten, wird Ihnen auffallen, dass darauf Fußbälle zu sehen sind. Wie viele Bälle sehen Sie? Sind es fünf oder sechs Fußbälle?

Aber wenn Sie genauer hinschauen, sind die Besonderheit in diesem Bild nicht die sechs Fußbälle, sondern dass jede Hand sechs Finger hat.

Dieses Bildbeispiel hat große Ähnlichkeit mit Bewerbern. Sie sind meist perfekt geschult, sodass sie sich im besten Licht darstellen können. Sie lenken von ihrem wahren Arbeitscharakter u. U. ab, indem sie berechtigt ausnützen, dass jeder Mensch fasziniert ist von der Illusion, von Begebenheiten, die auf den ersten Blick glanzvoll erscheinen. Erst bei genauerer Betrachtung stellt sich der Bewerber als jemand ganz anderes heraus, als er vorgibt zu sein. Deswegen müssen Sie bei der Mitarbeiterauswahl immer versuchen hinter die „Fassade des Bewerbers" zu schauen.

Ein weiteres Problem ist, dass jeder Beurteiler (Interviewer) subjektiven Einflüssen, wie Emotionen, Sympathie und Antipathie, unterliegen kann. Diese Problematik möchte ich unterstreichen mit dem Bericht von einer etwas korpulenteren Klientin von uns, die uns beauftragt hatte, eine/n Außendienstmitarbeiter/in zu suchen. Wir interviewten eine sehr schlanke Dame und fragten sie nach ihren Schwächen. Vor unserer Klientin lag ein Schokoriegel, das registrierte diese schlaue junge Frau und antwortete mit einem Lächeln: „Ich kann Schokolade nicht widerstehen!" Die Klientin seufzte und sagte: „Das kann ich gut verstehen!" Was ist passiert? Die Bewerberin hat die Fragen zwar scheinbar beantwortet (Illusion), aber wir kannten noch immer nicht ihre Schwächen im Job, die wir wissen wollten, weil die Klientin dank ihres eigenen subjektiven Empfindens sich von der Bewerberin hinters Licht führen ließ, indem diese die Schwäche der Klientin ausnützte. Die junge Frau wurde gegen unseren Rat eingestellt. Es stellte sich bald heraus, dass sie Schokolade in Wahrheit nicht leiden konnte, und sie verließ innerhalb der Probezeit das Unternehmen.

Selbst wenn ein „Fehlgriff" in der Probezeit rückgängig gemacht werden kann, entstehen Kosten, Ärger, Konflikte und unnötiger Zeitaufwand durch eine neue Stellenausschreibung. Alle Wege und Methoden, die einen Blick (vor der Einstellung) „hinter die Fassade“ ermöglichen, helfen, die Bewerberauswahl zu optimieren!

- Hören Sie auf Ihr Bauchgefühl. Auch wenn Sie objektiv (scheinbar) nicht begründen können, warum Ihre „Alarmglocken losgehen“, hören Sie dennoch auf Ihre Intuition.
- Derjenige, der die Einstellungsentscheidung trifft, sollte möglichst versuchen, nur der „Beobachter“ bei den Vorstellungsgesprächen zu sein, um sich zu 100 % auf den Bewerber konzentrieren zu können, während des Zuhörens „zwischen den Zeilen zu lesen“ und die Körpersprache des Bewerbers richtig zu deuten.
- Folgender Rat von Kurt Tucholsky kann hier nur weiter empfohlen werden: „Wenn man einen Menschen richtig beurteilen will, so frage man immer: *‚Möchtest Du den zum Vorgesetzten haben?‘“* [94]
- Zunehmend unterziehen Unternehmen potenzielle Mitarbeiter auch psychologischen Tests. Zum einen, um die echten Stärken und Schwächen herauszufinden, zum anderen, um zu vermeiden, dass ein Psychopath es schafft, sich im Unternehmen einzuschleichen.

Auf den Punkt gebracht

Schauen Sie immer hinter die Fassade der Bewerber und hören Sie auf Ihr Bauchgefühl.

Wie man sicherstellt, dass sich wirklich nur potenzielle (geeignete) Bewerber bewerben

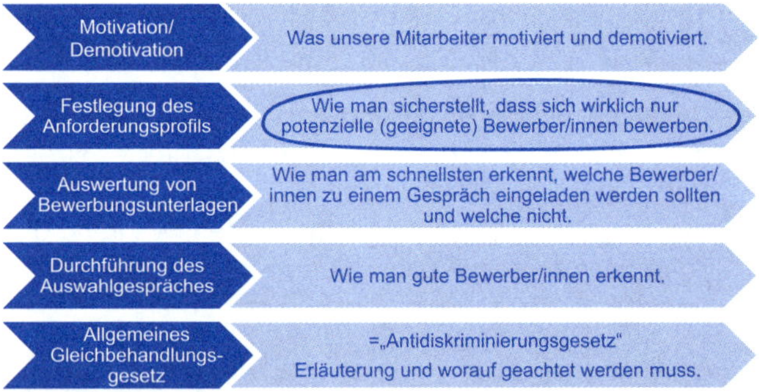

Festlegung des Stellen- und Anforderungsprofils

Viele vermischen die Begrifflichkeiten Stellenprofil und Anforderungsprofil. Stellenprofil ist das Profil der Stelle, sprich: die Aufgaben der zu vergebenden Stelle. Das Anforderungsprofil sind die Anforderungen, die ein Unternehmen an einen Bewerber stellt, damit er die Aufgaben der Stelle erfüllen kann.

Die Grundfrage, bevor ein Anforderungsprofil erstellt wird, muss lauten: Welche Fähigkeiten, Anforderungen und Eigenschaften erwarte ich? Denn wer nicht genau weiß, was er eigentlich will, kann nicht den geeigneten Bewerber finden!

Falsches Anforderungsprofil = Falscher Bewerber

!

Definieren Sie deshalb vorher ein exaktes Anforderungsprofil:

- Anforderungsprofile müssen die wesentlichen Ansprüche in Bezug auf Fachwissen, Fähigkeiten und Persönlichkeitsmerkmale, die mit der jeweiligen Position verbunden sind, enthalten. Es sollten jedoch nur die relevanten Anforderungen enthalten sein, Nebensächliches ist auszuklammern. Es genügen fünf bis zehn Merkmale, mehr als zehn sind zu viel.
- Die Anforderungen resultieren aus den künftigen Aufgaben und Tätigkeiten (Stellenbeschreibung), die sich aus dem Arbeitsplatz ergeben.
- Die Aufgabengebiete bestimmen die erforderliche Qualifikation für den künftigen Mitarbeiter – und nicht umgekehrt.

- Anforderungsprofil vorher festlegen, dann erst Mitarbeitersuche! Nicht umgekehrt!
- Stellen sind vielleicht leicht zu besetzen, aber Menschen sind nicht ersetzbar und somit auch nicht beliebig austauschbar. Daher sollten Sie versuchen, gute Mitarbeiter an die Firma zu binden, sodass sie Ihr Unternehmen nicht verlassen wollen.

Im Folgenden finden Sie Beispiele von möglichen Anforderungen:

- Allgemeinwissen
- Fachwissen
- Verhandlungsgeschick
- Branchenkenntnisse
- Kreativität
- Erfolgsstreben
- Lernfähigkeit
- Strategische Orientierung
- Kostenorientierung
- Teamfähigkeit
- Führungsfähigkeit
- Kaufmännische Kenntnisse
- Fachspezifische Kenntnisse
- Kontaktfreudigkeit
- Persönliche Arbeitsplanung
- Motivationsfähigkeit
- Eigenständisches Handeln
- Risikobereitschaft
- Frustrationstoleranz
- Gewinnendes Äußeres
- Verantwortungsbereitschaft
- Initiative
- Flexibilität
- Mitdenken können
- Ausdauer
- Begeisterungsfähigkeit
- Gerechtigkeit
- Soziale Kompetenz
- Entscheidungsfähigkeit
- Eigenständiges Handeln
- Beobachtungsgabe
- Durchsetzungsfähigkeit
- Fähigkeit zur Selbstkritik
- Integrationsfähigkeit
- Methodisches Vorgehen
- Denken in ökonomischen Zusammenhängen
- Fähigkeit zur Menschenführung
- Zahlenverständnis

- Problemlösungskompetenz
- Zukunftsorientierung
- Psychische Stabilität
- Vertrauenswürdigkeit
- Ideenreichtum

- *Anforderung an Mitarbeiter am Empfang (m/w):*

  - *Kontaktfreudigkeit*
  - *Teamfähigkeit*
  - *Gewinnendes/sympathisches Äußeres*
  - *Mitdenken können*
  - *Begeisterungsfähigkeit*

- *Anforderung an den Controller (m/w):*

  - *Entscheidungsfähigkeit*
  - *Problemlösungskompetenz*
  - *Gerechtigkeit*
  - *Methodisches Vorgehen*
  - *Analytische Fähigkeiten*
  - *Denken in ökonomischen Zusammenhängen*
  - *Vertrauenswürdigkeit*
  - *Psychische Stabilität*

- Die Erwartungen sollten aber auch auf einer realistischen Ebene aufgebaut sein, denn man kann sich den „Traummitarbeiter" nicht backen! „Auszubildende gesucht: zehn Sprachen fließend, fünfzehn Jahre Berufserfahrung" = *unrealistisch!*

- Bitte notieren Sie sich, wie im o. g. Beispiel jeweils die wichtigsten (fünf, maximal zehn) Anforderungsmerkmale, bevor Sie die Stelle ausschreiben.

Mithilfe des folgenden Bewertungsformulars können Sie im nächsten Schritt den Vergleich des Stellenprofils mit der Qualifikation des Bewerbers ziehen und die Informationen im Anschreiben über die Softskills des Bewerbers (z. B. teamfähig, kontaktfreudig, Querdenker) einbeziehen:

Bewerberin:					
Fachkompetenzen	**1**	**2**	**3**	**4**	**5**
Sozialkompetenzen	**1**	**2**	**3**	**4**	**5**
Teamfähigkeit				X	
Kontaktfähigkeit	X				
Eigenständiges Handeln				X	
Vertrauenswürdig				X	
Ausdrucksfähigkeit	X				
Durchsetzungsfähigkeit				X	
Leistungskompetenzen	**1**	**2**	**3**	**4**	**5**
Organisation und Planung					X
Analysevermögen					X
Kreativität				X	
Ausdauer				X	
Führung der Karteikarten/ Arbeitsunterlagen					
1= sehr geringe Ausprägung 3= durchschnittliche Ausprägung 5= sehr hohe Ausprägung					

Die fünf wichtigsten Grundregeln auf einen Blick

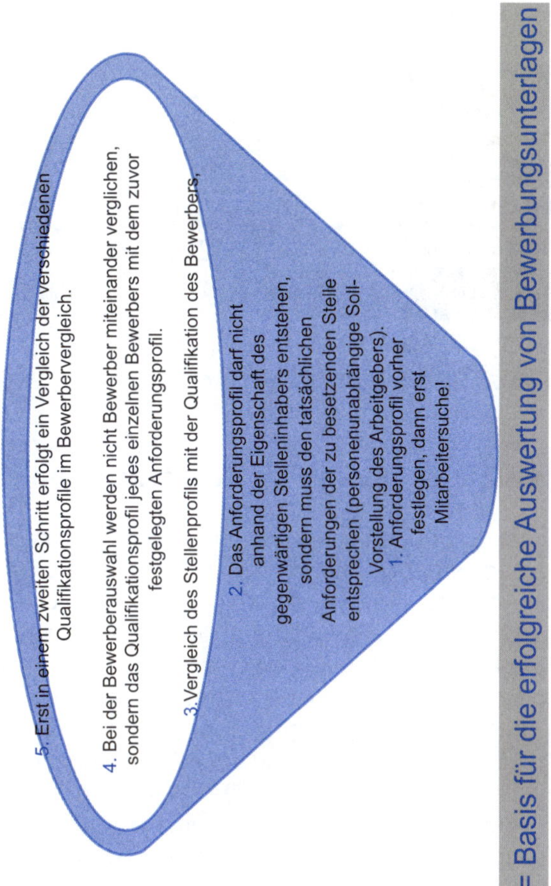

Wie man schnell erkennt, welche Bewerber zu einem Gespräch eingeladen werden sollten

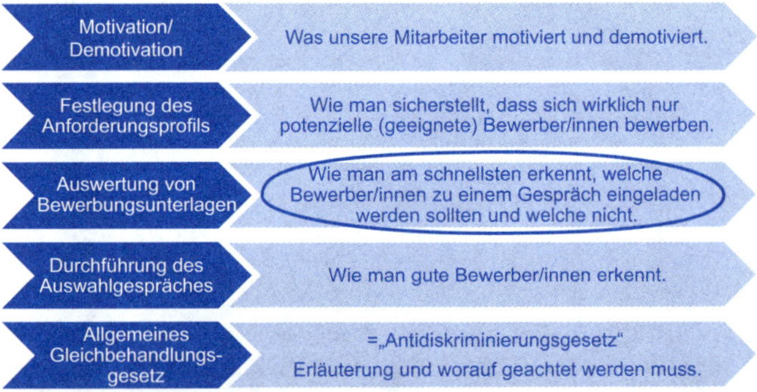

Datenspeicherung von Bewerbungen

Im Zuge einer Stellenausschreibung werden Daten von Bewerbern erhoben, verarbeitet und die Bewerberdaten werden benutzt oder weiterverarbeitet in Form einer Datenspeicherung oder Formblättern, die helfen sollen, die Einstellungsentscheidung zu finden. Im Zuge des Mitarbeitersuchprozesses bis zum Wiederaustritt des Mitarbeiters aus dem Unternehmen müssen das BDSG Bundesdatenschutzgesetz und das AGG Allgemeine Gleichbehandlungsgesetz (auf dieses Gesetz werden wir später im Buch noch ausführlicher eingehen) berücksichtigt werden. Es ist daher ratsam, alle eingehenden Bewerbungsunterlagen einzuscannen und digital abzuspeichern, sodass kein Dritter darauf Zugriff hat. Dieses Vorgehen bringt folgende Vorteile mit sich:

- „Diese Fakten können Arbeitgeber dann nutzen, um sich gegen möglicherweise geltend gemachte Ansprüche wegen angeblicher Diskriminierung nach dem Allgemeinen Gleichbehandlungsgesetz (AGG) verteidigen und diskriminierungsfreie Einstellungsentscheide belegen zu können."[95]
- Bewerber, die für diese Stelle vielleicht nicht infrage kamen oder zum Zug kommen, könnten bei der nächsten freien Stelle von Relevanz sein.
- Es kommt vor, dass ein nicht infrage kommender Bewerber sich noch einmal auf eine andere Stelle bewirbt. Die einmal bereits ausgewerteten Daten können dann zurate gezogen werden.

Einer langfristigen Datenspeicherung steht jedoch das Bundesdatenschutzgesetz im Weg, da eine zeitlich unbegrenzte Datenspeicherung unzulässig ist. „Die zulässig erhobenen Daten abgelehnter Bewerber darf der Arbeitgeber aber über die eigentliche Einstellungsentscheidung hinaus so lange speichern, bis nicht mehr mit einer rechtlichen Inanspruchnahme aus dem Bewerbungsverfahren zu rechnen ist. Als Orientierung für die Praxis bietet sich diesbezüglich ein Zeitraum von fünf Monaten nach Beendigung des Bewerbungsverfahrens an. Möchte der Arbeitgeber eine Datenbank anlegen, um mit aktuell nicht berücksichtigten Bewerbern künftig in Kontakt treten zu können, ist dies nicht von den datenschutzrechtlichen Erlaubnistatbeständen gedeckt. Als Gestaltungsmittel besteht hier jedoch die Möglichkeit der

Einholung einer entsprechenden Einwilligung des Bewerbers zur Aufnahme in eine Bewerberdatenbank."[96]

Auswertung von Bewerbungsunterlagen

Viele Unternehmen greifen immer häufiger auf Software zurück, die vollautomatisiert mehr oder weniger den perfekten Bewerber ausspucken soll. Ziel ist, Zeit und somit Geld bei der Mitarbeitersuche zu sparen. Der Bewerber gibt seine Daten online selbst in eine Maske ein, das System filtert dann auf Knopfdruck angeblich den perfekten Bewerber raus. Diese vollautomatisierten Personalsuchsysteme haben nur ein großes Manko: Sie können nicht hinter die „Fassade blicken" oder „zwischen den Zeilen lesen". Zur Erinnerung: Bewerber präsentieren sich im besten Licht. Es ist damit nicht sichergestellt, dass beispielsweise der Bewerber das Anschreiben und die Bewerbungsunterlagen selbst erstellt oder eben die Online-Bewerbermaske ohne professionelle Hilfe selbst ausgefüllt oder bessere Soft Skills und Sprachkenntnisse angeben hat, als er besitzt.

Früher waren die Zeugnisse die Hauptinformationsquelle, als sie noch Aussagekraft boten. Und sie unterstützten bei der Entscheidungsfindung, wen man zu einem Vorstellungsgespräch einladen sollte und wen lieber nicht. Im Grunde bleibt heute nur noch unser eigener Kopf und das eigene Herz, auf das wir hören können, da es uns meist aufhorchen lässt und gegebenenfalls warnt oder eben Zusammenhänge zwischen den Zeilen erkennen lässt. Das alles kann und wird nie ein Computersystem ersetzen. Es steht außer Frage, dass wir arbeitsunterstützende Bewerbungsdaten- und Auswertungssysteme verwenden sollten, jedoch nehmen Sie sich bei Bewerbern, die für Sie interessant sind, persönlich Zeit für eine ausführliche Analyse und Bewertung der eingereichten Bewerbungsunterlagen:

Formelle Prüfung der Bewerbungsunterlagen

Prüfung der Vollständigkeit und der Form (Aufmachung/Stil) der Bewerbungsunterlagen:

- Anschreiben
- Tabellarischer Lebenslauf (Lücken?)
- Ausbildungszeugnisse/Weiterbildungsnachweise
- Arbeitszeugnisse für jede Tätigkeit

Bei einer formellen Prüfung wird zunächst nur geprüft:

- Äußerer Eindruck der Bewerbung
- Passt das Gesamtbild des Bewerbers zum Unternehmen?
- Verdienst in der derzeitigen Position/Gehaltsvorstellung
- Qualifikation des Bewerbers/mangelnde Erfahrung des Bewerbers

Prüfung des Anschreibens

Das Anschreiben einer Bewerbung entscheidet über den ersten Eindruck und hat somit einen hohen Stellenwert:

- Informationsgehalt?

- Standardbrief oder individuelles Eingehen auf die Stellenanzeige?
- Diskrepanz zwischen derzeitiger und angestrebter Tätigkeit – persönliche Fehleinschätzung?
- Weder übertriebene Selbstsicherheit noch unterwürfige Anbiederung; eine passende Selbstpräsentation ist gefragt.
- Schreibfehler? Plausibel? Achtung: Erinnern Sie sich! Bewerber zeigen sich im besten Licht. So ist es auch bei der schriftlichen Bewerbung (z. B.: Anschreiben nicht selber erstellt, von Profis angefertigt usw.). Ein Bewerber, der zum Beispiel erst seit einem Jahr in Deutschland lebt, keine deutschen Eltern hat, keinen Deutschunterricht in der Schule hatte, sein Anschreiben aber im perfektem Deutsch geschrieben hat, wird diese Unterlagen ohne fremde Hilfe nicht erstellt haben.

Prüfung des Lebenslaufes

Überprüfen Sie folgende Aspekte:

- Tabellarische Gestaltung – schneller Überblick über die wichtigsten Stationen?
- Lücken im Lebenslauf?
- Fluktuationshäufigkeit/Stetigkeit?
- Auf- oder absteigende Wechsel?
- Logik der Berufsentwicklung

Achtung Lichtbild/Bewerbungsfotos:

Sie dürfen nicht nach Bewerbungsfoto fragen. Vgl. Kapitel Antidiskriminierungsgesetz!

Prüfung der Ausbildung und Berufserfahrungen

Überprüfen und beurteilen Sie innerhalb des Lebenslaufs die Ausbildung des Bewerbers. Ist diese zielstrebig verlaufen? Mit einer erkennbaren, klaren Struktur (= *Hinweis auf eine solide Person, die gern Ziele im Leben hat und diese auch verfolgt*)? Oder eher „larifarimäßig" (= *lebt vielleicht zu sehr in den Tag hinein, Gefahr von Unzuverlässigkeit*)? Oder wurden viele Ausbildungswege begonnen, aber keiner oder nur wenige zu Ende geführt (= *interessiert sich zwar für vieles und lässt sich auch leicht begeistern, aber hat nichts richtig gelernt*)?

Überprüfen und beurteilen Sie folgende Aspekte im Lebenslauf:

- Schulbildung
- Ausbildung
- Berufliche Weiterbildung
- Sprachkenntnisse
- Fachkenntnisse
- EDV-Kenntnisse
- Spezialkenntnisse

Der Ablauf der Ausbildung lässt die Grundstruktur der Persönlichkeit des Bewerbers erkennen. Der berufliche Werdegang ergibt dann weitere Anhaltspunkte über den Charakter des Bewerbers.

Ein Bewerber, der alle zwei Jahre die Firma wechselt, wird wahrscheinlich Ihren Betrieb als eine weitere Sprosse auf seiner Karriereleiter betrachten. Es ist also davon auszugehen, dass er bei Ihrem Unternehmen auch nur zwei Jahre bleiben wird. Die Bewerbersuche und Bewerberauswahl kostet das Unternehmen viel Geld, hinzukommen die Einarbeitungs- und Schulungskosten für den neuen Mitarbeiter. Beim Mitarbeiteraustritt kommen erneut die Kosten zur Besetzung der Stelle auf das Unternehmen zu. Diese Kosten würden in keiner Relation zu einer nur zweijährigen Betriebszugehörigkeit stehen. Das ist nur eine beispielhafte Überlegung. Aber genau solche müssen von Bewerbungsunterlage zu Bewerbungsunterlage individuell angestellt werden.

Die Überlegungen müssen auch mit den Unternehmenszielsetzungen abgestimmt werden. Wenn Sie zum Beispiel einen Außendienstmitarbeiter suchen, der langfristig auch der Nachfolger des jetzigen Vertriebsleiters werden soll (Sie dies aber nicht in der Stellenausschreibung kundtun können), muss der Fokus auf die Ausbildung gelegt werden, da es in diesem Fall von Vorteil wäre, wenn der Bewerber ein abgeschlossenes BWL-Studium hätte. Das Studium selber wäre auch ein Hinweis, dass dieser Bewerber (abhängig vom Alter) von sich aus eher das Ziel haben könnte, aufzusteigen. Was gerade in dieser Berufsgruppe nicht selbstverständlich ist, da viele Außendienstmitarbeiter oft „nur Verkäufer" bleiben wollen, weil sie auf ihre Autonomie nicht verzichten und erst recht keine Mitarbeiterverantwortung übernehmen möchten.

Ein weiteres Problem ist das „Frisieren“ von Lebensläufen. Scheinbar mit zunehmend weniger Skrupel werden geschönte Lebensläufe eingesetzt. Dabei ist das Lügen in Bezug auf Soft Skills oder die Aufgabengebiete in bisher ausgeübten Berufen besonders beliebt: „Unter rund 1200 Personalmanagern zufolge sagen 30 % aller Bewerber über ihre Berufserfahrung nicht die ganze Wahrheit. 22 % übertreiben bei ihrer Managementfähigkeit, 16 % geben bessere Sprachkenntnisse an, als sie besitzen.“[97]

Das folgende Arbeitsblatt ist eine gute Unterstützung, um berufliche Stationen, besondere Erfahrungen und Fachkenntnisse sichtbar zu machen, indem der Lebenslauf (unbedingt immer mit den Arbeitszeugnissen abgleichen) hier noch einmal zusammengefasst skizziert wird. Auf diese Weise werden Lücken im Lebenslauf leichter erkannt, die sonst oft gern überlesen werden:

<table>
<tr><th colspan="3">Praktische Erfahrungen</th><th rowspan="2">Position / Tätigkeit</th></tr>
<tr><th>Von - bis</th><th>Jahre</th><th>Unternehmen</th></tr>
<tr><td></td><td></td><td></td><td></td></tr>
<tr><td colspan="2">Job-hopper?
Lücken?</td><td></td><td></td></tr>
<tr><td></td><td></td><td></td><td></td></tr>
<tr><td></td><td></td><td></td><td></td></tr>
<tr><td></td><td></td><td></td><td></td></tr>
<tr><td></td><td></td><td></td><td></td></tr>
<tr><th colspan="3">spricht für den/die Bewerber/in</th><th>spricht gegen den/die Bewerber/in</th></tr>
<tr><td colspan="3"></td><td></td></tr>
<tr><td colspan="4">Bemerkungen:</td></tr>
</table>

Folgende Anforderungen an Ihren nächsten Bewerber werden Sie hoffentlich nicht haben, aber vielleicht bringt es Sie zum Lachen:

„Er hat sein unternehmerisches Können schon bewiesen, denn er hat schon seinen eigenen Drogenring aufgebaut."

Wörtliches Zitat aus einer TV-Reportage über Gefängnisinsassen am 31.01.2014, um circa 23 Uhr[98]

Richtige Auswertung von Arbeitszeugnissen

1530 schuf die Reichspolizei den Vorläufer der heutigen Arbeitszeugnisse. „Schon damals drohte Strafe, wenn der Herr kein Zeugnis schreiben wollte."[99] Heute finden jährlich circa 30 000 Gerichtsprozesse statt, wo es um Formulierungen in Arbeitszeugnissen geht.[100]

Seit 2006 gilt bei der Zeugniserstellung das wohlbekannte Spannungsfeld zwischen „Wahrheitspflicht" und „Wohlwollenspflicht". Da die Wahrheitspflicht oberster Grundsatz ist, können Zeugnisse durchaus zwar auch nachteilige Bewertungen enthalten, allerdings nur, wenn sie für die Beurteilung absolut notwendig sind und im unmittelbaren Zusammenhang mit der Tätigkeit stehen. Allgemein gilt: Arbeitszeugnisse müssen so formuliert sein, dass sie das weitere berufliche Fortkommen nicht behindern (Wohlwollenspflicht).

Ein überaus erstrebenswerter und sozialer Grundgedanke steckt hinter der Einführung der „Wohlwollenspflicht", da es die Benachteiligung im Leben, vor allem im Arbeitsleben, verhindern soll. Wie gesagt, eine sicherlich ehrenwerte Idee, die jedoch in der Praxis nur Irritation und Mehraufwand für die Unternehmen verursacht. Denn in der Praxis haben sich durch die problematische Wahrheitspflicht versus Wohlwollenspflicht die berühmten „Zeugniscodes" durchgesetzt, die Leistungen und Eigenschaften verschlüsselt zeigen sollen. Hintergrund: Zu Beginn der Einführung des (im Übrigen aus Amerika zu uns „rüberschwappenden") Allgemeinen Gleichbehandlungsgesetzes versuchten die Personaler beziehungsweise Unternehmen, sich dagegen zu wehren, indem sie eine eigens entwickelte Zeugniscodierungssprache einführten. Mit der idiotischen Folge, dass die zu Beurteilenden in der verschlüsselten Codierungssprache (die andere Unternehmer vor den Bewerber u. U. warnen sollte) ihre Zeugnisse selber schreiben. Hinzu kommt, dass im Internet Millionen von Zeugnisformulierungen kursieren, die angeblich etwas ganz Spezielles aussagen sollen.

Jeden Tag werden somit von Neuem Tausende „Armutszeugnisse dank der deutschen Wirtschaftspolitik" ausgestellt, die wahrscheinlich nie einsehen wird, dass eine „lehrerhafte Theorie" meist nicht mit der Wirtschaftspraxis zusammengeht.

Für Unternehmen, die keinen angestellten Juristen haben, der ein Augenmerk auf die Erstellung der Mitarbeiterzeugnisse mit den Originalcodierungen hat, ist eine ehrliche Beurteilungserstellung schon fast ein (kostspieliger) Luxus geworden. Sogar Unternehmen mit einer Abteilung voller Juristen sehen inzwischen oft davon ab, die Zeugnisse der Mitarbeiter selber zu schreiben. Aus einem ganz banalen Grund: Das Thema ist ihnen zu mühsam geworden, da sich der ganze zeit- und nervenraubende Ärger nicht lohnt, um eigens Juristen mit der Zeugnisüberprüfung zu beauftragen. Leichter und schneller ist es, schlechte, faule, vielleicht sogar betrügende oder mordende Mitarbeiter „wegzuloben". Mit der Konsequenz, dass Kriminalgeschichten geschrieben werden, wie im Fall des Serienmörders Niels Högel, der weggelobt wurde, als er seinen Kollegen im Krankenhaus „unheimlich wurde", anstatt dass sie ihren Verdacht der Polizei meldeten. Dank des ihm ausgestellten guten Zeugnisses bekam Högel eine neue Stelle als Krankenpfleger, wo er mutmaßlich weitere Patienten tötete.[101]

Wir können Arbeitszeugnissen dennoch eine Aussagekraft entziehen, wenn wir Folgendes bedenken:

Wir kennen das Jahr der Gesetzeseinführung und können somit davon ausgehen, dass alle Zeugnisse, die bis 2006 erstellt wurden, eine Aussagekraft haben. Die Zeugnisse im Zeitraum von circa 2006 bis 2010 haben noch eine gewisse Aussagekraft, da die Zeugnisse mithilfe der Zeugniscodierung in der Regel eher von dem Unternehmen selber erstellt wurden. Bei allen Zeugnissen, die nach 2010 erstellt wurden, ist vermehrt davon auszugehen, dass sie vom Beurteilten selbst geschrieben wurden, da viele Unternehmen in dieser Hinsicht sich regelrecht passiv verhalten.

Das Hauptaugenmerk bei den Arbeitszeugnissen sollte auf Folgendes gerichtet werden:

- Zuerst Vergleich von Zeugnisdaten mit den Daten im Lebenslauf (Lücken?). Liegen auch alle Zeugnisse vor? (Verschleierung?)
- Vor der inhaltlichen Bewertung von Zeugnissen sollte zuerst der Zeugnisaussteller beurteilt werden: Ist dieser mit den Modalitäten von Zeugnisformulierungen/Zeugniscodes überhaupt vertraut? Internet-Codierungssprache oder eher „Personaler-Sprache"?

Mögliche Fälschungsgründe könnten sein:

- Sympathien oder Antipathien des Vorgesetzten
- Anspruchsniveau des Vorgesetzten
- Wurde der Mitarbeiter „weggelobt"? (Weg des geringsten Widerstands)
- Wurden Leistungen oder Misserfolge überbewertet?

Arbeitszeugnisse dürfen Folgendes nicht enthalten:

- Den Kündigungsgrund, wenn das für das weitere berufliche Fortkommen des Arbeitnehmers nachteilig ist
- Angaben über Krankheit und Fehlzeiten
- Verdacht strafbarer Handlungen (ein Hohn in Anbetracht des Falls Niels Högel)
- Zugehörigkeit zum Betriebsrat oder zu politischen Organisationen

In der Folge finden Sie nun die wichtigsten, aber zum Teil auch amüsantesten Zeugniscodierungen, die Sie (er)kennen sollten bei Zeugnissen, die im Zeitraum von 2006 bis 2010 erstellt wurden:

- „X hat die ihr übertragenen Aufgaben stets zu unserer vollsten Zufriedenheit erledigt."
  = *sehr gute Leistung.*
- „X hat die ihr übertragenen Aufgaben zu unserer vollen Zufriedenheit erledigt."
  = *gute Leistung.*

- „X hat die ihr übertragenen Aufgaben stets zu unserer Zufriedenheit erledigt!"
  = *ohne Lob und Tadel.*
- „X hat die ihr übertragenen Aufgaben zu unserer Zufriedenheit erledigt."
  = *durchschnittlich bis unbefriedigend.*
- „X bemühte sich, die übertragenen Aufgaben zu unserer Zufriedenheit zu erledigen."
  = *schlechte Leistung.*
- „X bemühte sich, den Anforderungen gerecht zu werden!"
  = *X hat versagt.*
- „X hat sich stets bemüht, die ihr übertragenen Arbeiten zur Zufriedenheit zu erledigen."
  = *allergrößte „Dumpfbacke".*
- „X hat versucht, die ihr gestellten Aufgaben zu erledigen."
  = *Die Gelegenheit war da, der Erfolg blieb jedoch aus.*
- „X erledigte ihre Aufgaben mit beachtlichem Interesse."
  = *Eifer war zwar vorhanden, die Ergebnisse enttäuschten jedoch.*
- „X hat alle Arbeiten ordnungsgemäß erledigt."
  = *X ist eine Bürokratin ohne Eigeninitiative.*
- „X hat sich im Rahmen ihrer Fähigkeiten eingesetzt."
  = *X hat getan, was sie konnte, das war aber nicht viel.*
- „X zeigte für ihre Arbeit Verständnis."
  Oder: „X ist ordentlich und hütet sich vor Fehlern."
  = *X war faul und hat nichts geleistet.*

- „Durch ihre Geselligkeit trug sie zur Verbesserung des Betriebsklimas bei."
  = *X neigt zum übertriebenen Alkoholgenuss.*
- „Im Kollegenkreis galt sie als tolerante Mitarbeiterin."
  = *Für Vorgesetzte ist sie ein schwerer Brocken.*
- „X besaß eine außerordentliche Kontaktfähigkeit."
  = *X suchte ständig (Sex-)Kontakte.*
- „X gelang es oft, Mitarbeiter zu überzeugen und die sachlich notwendigen Informationen weiterzugeben."
  = *Überbezahlte Versagerin, die nichts selber gearbeitet, sondern nur delegiert hat.*
- „X war im Allgemeinen eine entgegenkommende Mitarbeiterin, deren Verhalten kaum Anlass zur Klage gab."
  = *X hat sich gegenüber ihren Arbeitskollegen stets unkollegial verhalten.*
- „X ist distanziert und überkorrekt."
  = *ungehobelt und arrogant.*
- „X erkannte Problemstellungen und war neuen Aufgaben gegenüber aufgeschlossen."
  = *X war ein Bremsklotz, die stets gegen jede Veränderung war und diese auch zu verhindern wusste, indem sie durch Nichtmitarbeit glänzte.*

Unzulässig ist es, Arbeitszeugnisse mit „Geheimzeichen" zu versehen. Trotzdem hier die wichtigsten Geheimzeichen und ihre Interpretationen:

- Ein Ausrufezeichen am Ende eines Satzes soll angeblich den Satz in seiner Aussagekraft in das Gegenteil umkehren. Daher verwenden Sie lieber keine Ausrufezeichen.

- Eine unterstrichene Telefonnummer soll bedeuten: „Rufen Sie mich an, ich habe Ihnen was zu sagen."

Auf den Punkt gebracht

Generell gilt, damit Sie auf der sicheren Seite sind: Jede noch so geringfügige Abweichung von den gängigen Orthografie könnte als Geheimzeichen gedeutet werden, obwohl nicht beabsichtigt. Deshalb: richtige Rechtschreibung und keinen Schnickschnack verwenden.

Arbeitszeugnis richtig erstellen

Bei unseren Seminaren treffe ich vereinzelt noch echte Idealisten an, die ganz entrüstet sind, wenn darüber diskutiert wird, dass eine freie Beurteilung scheinbar nicht mehr möglich ist, wobei das Internet voll ist von diskriminierenden und bösartigen anonymen Bewertungen, die Menschen zum Teil vernichten. Es macht keinen Sinn, sich darüber aufzuregen und über den bestehenden Wertezerfall in unsere Gesellschaft zu diskutieren oder schlichtweg nach dem Sinn zu fragen. Hingegen hat das Urteil vom Bundesarbeitsgericht im November 2014: „(…) die Hoffnung vieler Beschäftigter enttäuscht, sich künftig leichter eine bessere Gesamtbewertung im Arbeitszeugnis zu erstreiten." Die Formulierungen „zur vollen Zufriedenheit", die der Note 3 entspricht, beschreibe eine durchschnittliche Leistung, entschied der 9. Senat in Erfurt. Wolle ein Mitarbeiter eine bessere Bewertung, müsse er genaue Gründe dafür darlegen. Das gelte auch, wenn in einer Branche gute und sehr gute Beurteilungen gang und gäbe seien. Geklagt hatte eine 25-Jährige gegen ihren früheren Arbeitgeber. Sie hatte ein Jahr am Empfang einer Berliner Zahnarztpraxis gearbeitet und gekündigt, weil sie nach Angaben ihres Anwaltes Klaus Plambeck unzufrieden mit ihrem Arbeitgeber war."[102] Mit dem Urteil können naive Hoffnungen von uns Idealisten erneut geweckt werden und es motiviert sicher, das nächste Zeugnis wieder mit raffinierten Zeugniscodierungen zu spicken, um es dann kostspielig mit einem Arbeitsrechtsanwalt abzustimmen. Aber im Fazit bleibt: Das alles kostet Nerven, Zeit und Geld.

Dennoch kann jeder Arbeitgeber mithelfen, dass Arbeitszeugnisse wieder an Wert gewinnen. Wichtig ist zukünftig, den zu Beurteilenden sein Zeugnis nicht mehr selbst schreiben zu lassen, wenn das Unternehmen mit ihm nicht zufrieden war. Wenn ein Zeugnis geschrieben werden muss und Sie erleichtert sind, dass dieser unqualifizierte und/oder überaus unsympathische Mitarbeiter das Unternehmen verlässt und Sie ohne viel Aufwand andere Arbeitgeber vor ihm warnen möchten, dann machen Sie bitte Folgendes:

- Machen Sie es wie Heinrich Böll: *„Schweigen ist ein Argument, das kaum zu wiederlegen ist."* und verzichten Sie auf eine detaillierte Leistungsbeurteilungen *(= Beschreibung dieser Arbeitsleistung ist nicht das Papier wert)* und auf Abschlussfloskeln.
- Der Zeugnisersteller ist außerdem nicht verpflichtet, im Zeugnis sein Bedauern über das Ausscheiden eines Mitarbeiters zum Ausdruck zu bringen.
- Das Weglassen von Schlusssätzen ist ein deutlicher Hinweis!

Referenzen richtig einholen

Da kein absoluter Verlass mehr auf die Aussagekraft der Arbeitszeugnisse besteht, hat die Referenzeinholung inzwischen den wichtigsten Stellenwert bei der richtigen Mitarbeitersuche bekommen. Die Referenzeinholung ist unerlässlich geworden und sollte grundsätzlich durchgeführt werden.

Aber Achtung: Auf Wunsch müssen Sie den Bewerber über die Inhalte des Gesprächs informieren.

- Fragen Sie den Bewerber während des Bewerbungsgespräches nach Referenzen, damit er keine Zeit hat, sorgfältig die Referenzen zu wählen oder diese zu manipulieren.
- Gleichen Sie die angegebenen Namen mit den Zeugnisunterschreibern ab. Damit stellen Sie sicher, dass Sie nicht mit einem befreundeten ehemaligen Kollegen, sondern wirklich mit dem ehemaligen Vorgesetzten sprechen.
- Recherchieren Sie die Telefonnummern der Referenzfirma möglichst selber und lassen Sie sich über die Unternehmenszentrale verbinden.
- Bereiten Sie die Referenzgespräche gut vor. Ihr Gesprächspartner kann u. U. nur wenige Minuten für Ihre Fragen erübrigen.

Zu stellende Referenzfragen könnten sein:

- *Wo/wodurch (z. B. Stellenausschreibung) kam der Bewerber zu Ihnen und wie lange ist er Ihnen bekannt?*

- *Welches Arbeitsverhalten, welche Stärken/Schwächen, welche künftige Leistungen werden dem Bewerber zugetraut?*
- *Wie war der Bewerber im Umgang mit Ihnen, Ihren Kollegen und Mitarbeitern?*
- *Wie nahm der Bewerber Weisungen entgegen und war er bereit, auch Sonderaufgaben/Mehrarbeit zu übernehmen?*
- *Warum schied der Bewerber aus dem Unternehmen aus?*
- *Würden Sie ihn wieder einstellen? Wenn nein, warum nicht?*

Richtige Zuordnung der Bewerbungseingänge

Wenn Sie die Bewerbungen per E-Mail erhalten, legen Sie folgende Ordnerstruktur an:

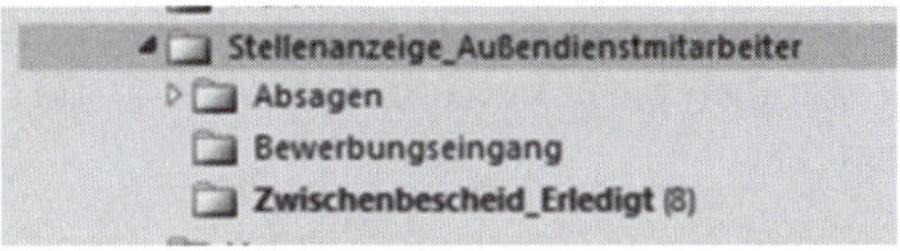

Prinzipiell kommen alle Bewerbungseingänge in den Ordner „Stellenanzeige". Von dort werden sie verteilt in den Absagen- oder in den Bewerbungseingangs- oder Zwischenbescheid-Eledigt-Ordner. In den Bewerbungseingangsordner kommen alle interessanten Bewerber, an die noch kein Zwischenbescheid geschickt wurde. Sie sollten möglichst schnell Zwischenbescheide an die interessanten und damit potenziellen Mitarbeiter verschicken.

Drucken Sie grundsätzlich alle Bewerbungen, die im Bewerbungseingangsordner gelandet sind, vollständig aus. Wir Büromenschen glauben immer, dass ein papierloses und am besten ein rein digitalisiertes Büro unsere optimale Gedankenleistung unterstützt. Ganz das Gegenteil ist aber der Fall. Das Lesen am Bildschirm lässt uns leicht etwas überlesen, die handschriftliche Notiz mit dem altmodischen Stift lässt uns kreativer sein, Dinge weniger schnell übersehen und vergessen. Da die Absagen in der Regel per E-Mail erfolgen, können Fehler, wie der Rückversand von (nicht beseitigten) Notizen über den Bewerber zum Glück nicht mehr passieren.

Drucken Sie alle interessanten Bewerbungen aus und bilden Sie dann drei Stapel:

1. Stapel: Sehr gut (diese Bewerber erhalten Zwischenbescheide)
2. Stapel: Bedingt gut (diese Bewerber erhalten Zwischenbescheide)
3. Stapel: Absagen (warten Sie der Höflichkeit halber mindestens 7 Tage – diese Bewerber erhalten keine Zwischenbescheide)

Laden Sie Stapel 1 zum Interview. Stapel 2 sagen Sie erst ab, wenn in Stapel 1 bereits der geeignete Bewerber dabei war und der Arbeitsvertrag unterschrieben wurde.

Zeitliche Abläufe:

- Der Bewerbungs- und Auswertungszeitraum sollte insgesamt maximal zwei Monate dauern.
- Alle potenziell in Frage kommenden Bewerber sollten zeitnah (maximal innerhalb von fünf Tagen) einen Zwischenbescheid erhalten. Sehr guten Bewerbern schicken Sie bei Bedarf einen zweiten Zwischenbescheid.
- Absagen erst nach fünf, spätestens sieben Tagen erteilen.

Wie gute Bewerber erkannt werden können

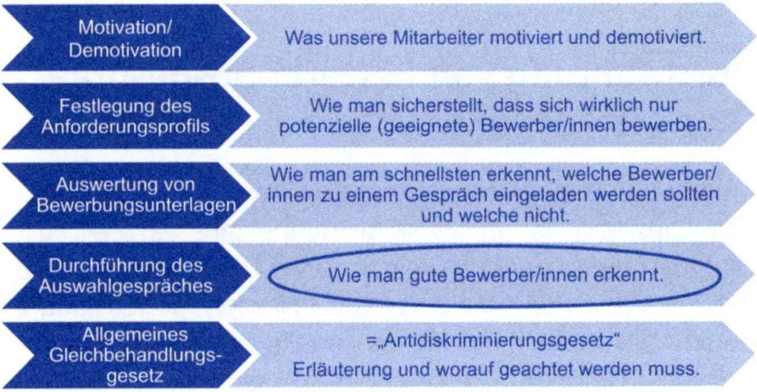

Bevor Sie zu Vorstellungsgesprächen einladen, nehmen Sie sich die Zeit und „googeln" Sie die Bewerber. Gleichen Sie die gefundenen Informationen im Netz (Facebook, Xing, Linkedin usw.) mit den Bewerbungsunterlagen ab. Bei verheirateten/geschiedenen Frauen sollten Sie diese auch unter ihrem Mädchennamen googeln. (Der Mädchenname kann eventuell in den älteren Zeugnissen gefunden werden). Erst wenn diese Überprüfung stimmig ist, sollte Sie die Einladung zum Vorstellungsgespräch organisieren.

- In der Praxis passiert es oft, dass Bewerberinnen „sich unter ihrem Wert verkaufen" oder „zu niedrig stapeln" bei der Bewerbung, in Wahrheit aber viel mehr können, als sie sich selber zutrauen, und gegebenenfalls auch viel höher angesetzte Positionen einnehmen könnten. Verstehen Sie das als Ihre Aufgabe, Potenziale zu erkennen und zu fördern.

Durchführung von Bewerbungsgesprächen (Interviews)

Planen Sie immer ausreichend Zeit zwischen den Bewerbungsgesprächen ein. Es sollte mindestens ein Zeitpuffer von 30 Minuten gegeben sein, sodass kein Bewerber warten muss (Respekt) und die Bewerber sich nicht gegenseitig zu Gesicht bekommen. Bitte bedenken Sie bei Ihrer Zeitplanung auch, dass Bewerber durchaus ein paar Minuten zu früh dran sein können. Planen Sie für das Vorstellungsgespräch maximal 60 Minuten ein (länger sollte das Erstgespräch nicht gehen). Bei nicht interessanten Bewerbern sollten Sie das Gespräch möglichst bald freundlich beenden.

- Für die sich in fester Anstellung befindenden Bewerber sollten Sie die Bewerbungsgespräche an einem Wochenende (z. B. Samstag) oder späten Freitagnachmittag stattfinden lassen. Dadurch müssen die Bewerber nicht extra einen Urlaubstag nehmen und kommen nicht in die Verlegenheit, ihren jetzigen Arbeitgeber anlügen zu müssen.

Es ist zu empfehlen, mit dem Bewerber immer zwei Gespräche zu führen, die inhaltlich und methodisch voneinander zu trennen sind:

- Im ersten Kennenlerngespräch werden keine Entscheidungen getroffen. Es soll lediglich einen ersten Eindruck von dem Bewerber vermitteln, noch offene Fragen aus den Bewerbungsunterlagen klären, das eigene Unternehmen kurz vorstellen und die erforderlichen Aufgaben erläutern. Einkommenswünsche und andere Wünsche des Bewerbers abfragen.
- Erst im zweiten Gespräch steuern Sie auf eine Entscheidung zu, vielleicht können Sie diese am Ende des Gespräches schon treffen, dabei Einkommens- und Bedarfswünsche abklären.

Generell unterscheidet man zwischen *unstrukturierten* (offenen) und *strukturierten* (standardisierten) Interviews:

- Unstrukturiertes Gespräch, spontane Fragen/Kommunikation (z. B. zum Einstieg „Warming up", Beziehungsaufbau) nutzen.
- Strukturierte Fragen analog zum Anforderungsprofil vorbereiten, dadurch sind Bewerber besser vergleichbar.

Empfehlung: Verwenden Sie eine Mischform aus den beiden Interviewtypen!

- Der Psychologieprofessor an der University of New South Wales, Joe Forgas, hat herausgefunden, dass der Regen auf die Stimmung drückt und die Menschen deswegen viel aufmerksamer sind. Bei gutem Wetter weniger.[103] Folglich sollten die Vorstellungsgespräche bevorzugt an Schlechtwettertagen anberaumt werden als an heißen, schwülen Sommertagen.

- Stellen Sie dem Bewerber die Interviewer vor, aber teilen Sie nicht mit, wer der Entscheider sein wird. Das ist wichtig, damit der Bewerber sich möglichst natürlich verhält und nicht versucht den Entscheider gezielt für sich zu gewinnen. Zur Erinnerung: Auch Beurteiler unterliegen subjektiven Einflüssen (Emotionen, Sympathie und Antipathie). In Japan soll angeblich der Entscheider immer Richtung Osten sitzen.
- Derjenige, der die Einstellungsentscheidungsgewalt hat, sollte versuchen, nur der „Beobachter" bei einem Vorstellungsgespräch zu sein, um sich so zu 100 % auf den Bewerber zu konzentrieren, während des Zuhörens „zwischen den Zeilen zu lesen" und die Körpersprache des Bewerbers richtig zu deuten.

Checkliste: Gesprächsvorbereitung

✓ Überprüfen Sie Ihr eigenes Äußeres (Respekt). Der Bewerber wird versuchen, sich so adäquat wie ihm möglich zu kleiden. Das sollte mit Respekt erwidert werden.

✓ Räumlichkeiten: Gewährleisten Sie ein störungsfreies Gespräch und eine angenehme Atmosphäre (schalten Sie Ihr Handy aus – Sie haben nur diese 60 bis 90 Minuten).

✓ Legen Sie Material bereit, um Ihr Unternehmen präsentieren zu können.

- ✓ Stellen Sie die Anwesenheit all jener sicher, die den Bewerber kennenlernen sollen.
- ✓ Gehen Sie die Bewerbungsunterlagen und das Anforderungsprofil der Stelle vorher noch einmal durch.
- ✓ Bereiten Sie Fragen vor, die sich aufgrund der Bewerbungsunterlagen ergeben (z. B. Lücken im Lebenslauf).
- ✓ Entwickeln Sie einen Fragenkatalog zum Anforderungsprofil.
- ✓ Halten Sie das Formular mit den Anforderungskriterien an den Bewerber bereit und vergleichen Sie nach den Gesprächen alle ausgefüllten Formulare miteinander.

Organisation des Bewerbungsgespräches

1. Vorbereitung:	▪ Mit Daten vertraut machen ▪ Gesprächspartner festlegen ▪ Gesprächsziel festlegen ▪ Terminierung ▪ Ungestörte Gesprächsatmosphäre ▪ Unterlagen vorbereiten
2. Eröffnung:	▪ Small Talk, sich für die Bewerbung bedanken, Beziehungsebene schaffen usw. ▪ Hinweise auf Vertraulichkeit ▪ Gesprächsziel nennen/Erwartungen an den Bewerber/ Informationen geben
3. Kerngespräch:	▪ Persönliche Fragen erst stellen, wenn persönliche Beziehungsebene stimmig ▪ Zuhören, wenig selbst reden/Fragetechnik/Dialog
4. Abschluss:	▪ Gelegenheit zu letzten klärenden Fragen geben ▪ Bedanken/"Wir melden uns"/Alles gute für die Zukunft wünschen ▪ Fahrtkostenübernahme klären
5. Nach dem Gespräch:	▪ Ständiger Kontakt ▪ Die neue „künftige" Mitarbeiterin gut beobachten ▪ „Standortgespräch" am Ende der Probezeit

Hintergrund zum Ablauf eines Vorstellungsgespräches:

- Zu Beginn: „Warming up“: Sorgen Sie für eine störungsfreie, gute und lockere Gesprächsatmosphäre (Small Talk, z. B. Anreise).
- Vorstellung der Interviewer und der Vorgehensweise
- (Sehr) kurze Vorstellung der Unternehmung
- Selbstdarstellung Bewerber: zum Beispiel Lebenslauf erzählen lassen
- Interview: Fragen zu Bewerbungsunterlagen, Lebenslauf, vorbereitete Fragen angepasst an das Anforderungsprofil
- Beantwortung von Bewerberfragen
- Vertragsmodalitäten: Einkommensvorstellung, möglicher Eintrittstermin
- Rückmeldung bei Bewerber: über seinen persönlichen Gesprächseindruck, bei gutem Bewerber Feedback des Interviewers
- Absprache des weiteren Vorgehens und/oder nur Erstattung der Fahrtkosten
- Bringen Sie den Bewerber zur Ausgangstür und verabschieden Sie sich höflich (mit Handschlag).

- Möglichst nur zuhören, wenig selbst reden! Schweigen ist hier Gold! Achten Sie darauf, dass Kollegen, die zur Selbstdarstellung neigen oder eine gewisse Profilierungssucht haben, diese nicht während des Vorstellungsgesprächs ausleben. Denn es gilt, den Bewerber (nicht sich selbst/Kollegen) kennenzulernen.

- Zeigen Sie ein überdurchschnittliches Interesse an dem Bewerber, indem Sie viel fragen und sich nach seinen Wünschen und Vorstellungen erkundigen. Ihre Aufgabe ist u. a., sich um seine Gunst zu bewerben.
- Der Klassiker: „Erzählen Sie uns doch Mal was von Ihrem Lebenslauf" empfinden Bewerber oft als respektlos (= *„man hat sich nicht mit meinen Bewerbungsunterlagen beschäftigt"*). Vor diesem Hintergrund sollten Sie die Lebensläufe vorab durchsehen und sich bestimmte Fragen zu einzelnen Stationen überlegen. So bekunden Sie Interesse und überprüfen parallel, ob die Angaben im Lebenslauf stimmen.

Arbeitsrechtliche Aspekte im Einstellungsgespräch

- Bei Interviews sind die Beschränkungen des Fragerechts zu beachten und dass „Stressinterviews" generell verboten sind.
- Hinsichtlich der Zulässigkeit von Fragen besteht Einigkeit darüber, dass ein potenzieller Arbeitgeber nur nach solchen Tatsachen fragen darf, die mit der in Aussicht gestellten Tätigkeit in Zusammenhang stehen. Hier hat er allerdings ein berechtigtes Interesse, in die „Individualsphäre" des Bewerbers einzudringen.
- Im Rahmen seiner Aufklärungspflicht hat der Bewerber den Arbeitgeber unaufgefordert über Umstände zu informieren, die seiner Verwendung auf dem in Aussicht

stehenden Arbeitsplatz entgegenstehen (z. B. Krankheit, Behinderungen, Mangel an erforderlichen behördlichen Bewilligungen, bevorstehender Strafantritt usw.).

- Auf weniger bedeutsame Umstände, die aber ebenfalls mit seiner Verwendung am Arbeitsplatz im Zusammenhang stehen, muss der Bewerber lediglich auf Befragung wahrheitsgemäß antworten.
- Umgekehrt hat der Arbeitgeber den Bewerber über Umstände zu informieren, die für ihn wichtig sind (z. B. Gesundheitsschädlichkeit der Arbeit oder die beabsichtigte Unternehmensschließung).
- Bei arglistiger Täuschung (§ 123 BGB) durch den Bewerber kann auch außerhalb der Probezeit und sogar Jahre später ein Beschäftigter fristlos gekündigt werden (Anfechtungsfrist: ein Jahr ab Kenntnis, längstens zehn Jahre, s. § 124 BGB). Da die Täuschung Einfluss auf die Einstellung hatte, kann der Arbeitsvertrag für unwirksam erklärt werden (s. § 142 BGB). Das bereits gezahlte Gehalt kann zurückgefordert werden.[104]

Zulässige Fragen sind zum Beispiel:

- Beruflicher Werdegang – Angaben der bisherigen Arbeitgeber
- Zeugnis- und Prüfungsnoten
- Gesundheitszustand – soweit für den zu besetzenden Arbeitsplatz wichtig oder wenn etwa wegen einer beantragten Kur schon bald mit einem Arbeitsausfall zu rechnen ist
- Schwerbehinderung
- Lohnpfändung (nicht jedoch frühere Pfändungen).

- Vorstrafen – soweit sie für den angestrebten Arbeitsplatz von Bedeutung sind

Unzulässige Fragen sind zum Beispiel:

- Wollen Sie heiraten?
- Sind Sie schwanger?
- Wollen Sie ein Kind?
- Gehören Sie einer Religionsgemeinschaft an?
- Sind Sie in einer Partei?
- Sind Sie in einer Gewerkschaft?
- Haben Sie Vermögen?
- Welchen Schulabschluss haben Ihre Kinder?

Achtung: Fragen, welche die Privatsphäre betreffen und den Arbeitgeber nichts angehen, müssen nicht und können unwahr beantwortet werden!

Welche Fragen stellen Sie bei Ihrem nächsten Auswahlgespräch?

Hilfestellung: Auf die Bewerbungsunterlage abstimmen, Fragen nach Hobbys (Hinweis auf die Motivations- und Sozialstruktur des Bewerbers). Stellen Sie verhaltensrelevante Fragen und möglichst nicht nur die Klassiker, die in jedem Interviewvorbereitungsbuch zu finden sind.

Fragenbeispiele:

- *Warum sind Gullydeckel rund? (Denksportaufgabe, kreatives Potenzial sichtbar machen. Es gibt keine Lösung: In Hamburg sind die Gullydeckel im Übrigen viereckig und in Bayern rund)*
- *Welche Hobbys haben Sie? (Motivations- und Sozialstruktur des Bewerbers)*
- *Welche beruflichen Ziele verfolgen Sie?*
- *Arbeiten Sie lieber allein oder im Team?*
- *Sie müssen eigenständig eine wichtige Entscheidung treffen – wie verhalten Sie sich? (Entscheidungsverhalten)*
- *Wie beurteilen Sie Ihre jetzige Arbeitsstelle, Ihre Kollegen und Ihren Chef? (Loyalität)*
- *Warum möchten Sie gerade bei uns arbeiten? (Motivation)*
- *Was ist Ihnen besonders wichtig im Berufsleben?*
- *Was wollen Sie? Welche Erwartungen/Wünsche/Hoffnungen haben Sie an uns beziehungsweise verbinden Sie mit dieser Stelle?*
- *Was wäre für Sie wichtig, damit Sie die von Ihnen geforderte Aufgabe erfüllen können? Was würden Sie sich von uns wünschen zur Erfüllung der Arbeit (Rückenstuhl, Schreibtisch, Laptop, Smartphone, Ipad, Auto usw.)? (Sachlichkeit/ Realismus)*

- *Das Unternehmen stellt Ihnen einen Scheck über 5 000 Euro aus, welchen Sie beliebig für Schulungen einsetzen können. In welchen Schulungsbereich würden Sie investieren? (Unternehmensverbundenheit bei arbeitsbezogener Schulung, Eingeständnis von Schwächen notwendig)*

Was sich in der Praxis auch bewährte: mit dem Bewerber einen konkreten Fall des Alltagslebens durchzugehen, um zum Beispiel die Stressresistenz zu testen.

Beispiel: Empfang

Stellen Sie sich bitte folgende Situation vor: Ein Kollege ist gerade mit einem Kunden am Telefon beschäftigt, das Telefon klingelt, eine andere Kollegin braucht dringend etwas von Ihnen und ich bitte Sie in mein Zimmer, da ich dort Ihre Unterstützung benötige. Wie reagieren Sie?

Jedes Bewerbungsgespräch sollte schriftlich zusammengefasst werden, damit ein Vergleich zwischen den Bewerbern später möglich ist und damit gewährleistet wird, dass die Entscheidung wirklich auf die richtige Person gefallen ist:

		sehr gut	gut	bedingt	nicht ausreichend
1.	Persönliche Daten:	☐	☐	☐	☐
2.	Jetzige Position:	☐	☐	☐	☐
3.	Ausbildungsweg:	☐	☐	☐	☐
4.	Berufliche Stationen, Erfahrungen, Fachwissen, Eignung:	☐	☐	☐	☐
5.	Persönliches Erscheinungsbild/ Fähigkeiten:	☐	☐	☐	☐
6.	Interviewerfragen:	☐	☐	☐	☐
7.	Fall aus der Praxis:	☐	☐	☐	☐
8.	Sonstiges / Bemerkungen:	☐	☐	☐	☐

Das spricht für ihn:

Das spricht gegen ihn:

Vorschlag:

Wer trägt die Kosten?

Laden Sie einen Bewerber zu einem Vorstellungsgespräch ein, dann ist Ihr Unternehmen grundsätzlich verpflichtet, die dafür anfallenden Kosten zu übernehmen. Es ist üblich und auch zulässig, dass das Unternehmen den Umfang der Kostenübernahme jedoch im Einladungsschreiben dokumentiert. Es ist ratsam, den Umfang der zu erstattenden Kosten abhängig von der zu besetzenden Position zu machen. Legen Sie vornherein fest, was Ihr Unternehmen nach einem erfolgten Vorstellungsgespräch bereit ist zu erstatten.

Üblich sind bei höheren Positionen (da innerhalb ganz Deutschlands gesucht), die An- und Abreise (auch Economy-Flugtickets und Taxi) sowie Hotel- und Verpflegungskosten zu erstatten. Bei niedrigeren zu besetzenden Positionen wird die Erstattung meist beschränkt auf Fahrtkosten mit den öffentlichen Verkehrsmitteln (2. Klasse-Bahnticket oder 0,30 Euro PKW-km-Pauschale).

Es besteht durchaus die Möglichkeit, im Einladungsbrief generell Vorstellungskosten auszuschließen. Das ist zwar zulässig, aber sicherlich nicht förderlich, um die Stelle mit den besten und geeignetsten Kandidaten zu besetzen. Wer will schon bei einem Arbeitgeber anfangen, der offensichtlich geizig ist? An dieser Stelle wäre auch wirklich an der falschen Stelle gespart. Seien Sie großzügig und zeigen Sie sich generös – fragen Sie von sich aus den Bewerber nach den Fahrtkostenbelegen und veranlassen Sie eine zeitnahe Bezahlung. Auch bei Bewerbern, die nicht infrage kommen und erst recht bei Bewerbern, die infrage kommen.

Vertragsmodalitäten – Was gehört in einen Arbeitsvertrag?

Es bietet sich an, mehrere Standardverträge einmal von einem „Vertragsrechtler" (Anwalt) prüfen zu lassen. Folgende Dinge sollte jeder Vertrag mindestens enthalten:[105]

- Die Tätigkeit muss festgehalten werden
- Beginn der Tätigkeit

- Arbeitszeiten müssen klar geregelt sein
- Laufzeit des Vertrages (befristet? Unbefristet? Probezeit?)
- Vergütung muss festgelegt werden (inkl. Zuschüsse, Provisionsregelungen, ggf. Rückzahlungsvereinbarungen, freiwillige zusätzliche Leistungen, wie z. B. Weihnachtsgeld)
- Abtretung und Verpfändung des Gehaltes/Lohns müssen ausgeschlossen werden
- Angabe, wie viele Tage Anspruch auf Jahresurlaub vorliegt (s. Bundesurlaubgesetz)
- Unternehmensspezifische Vertragsstrafen
- Kündigungsfristen
- Verschwiegenheitserklärung
- Evtl. Wettbewerbsverbot (Achtung: Bei Austritt muss mindesten 50 % der Bezüge gewährt werden, solange das Wettbewerbsverbot einzuhalten ist)
- Nebentätigkeit (Einschränkung/Ausschluss)
- Ausschlussklausen bei Tarifverträgen

Allgemeines Gleichbehandlungsgesetz („Antidiskriminierungsgesetz“)

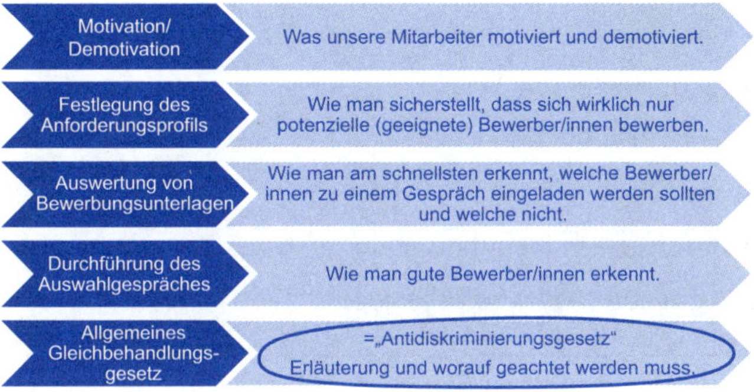

Das allgemeine Gleichbehandlungsgesetz, von dem schon öfter in diesem Querdenkerbuch die Rede war, trat am 18.08.2006 in Kraft und ist umgangssprachlich besser bekannt als das „Antidiskriminierungsgesetz“.

Achtung:

Dieses Gesetzt gilt ab dann, wenn eine Stelle ausgeschrieben wird/zu besetzen ist, während der Bewerbungs-/Absage-/Anstellungsphase und kann bis zum Zeitpunkt nach der Beendigung eines Arbeitsverhältnisses fortwirken!

Ziel des Gesetzes ist, Benachteiligungen aus Gründen

- der Rasse oder
- wegen der ethischen Herkunft,
- des Geschlechts,
- der Religion oder Weltanschauung,
- einer Behinderung,
- des Alters,
- der sexuellen Identität

zu verhindern oder zu beseitigen.

- Bei einer durchzuführenden ordentlichen oder außerordentlichen (= fristlosen) Kündigung denken Sie bitte daran den Kündigungstermin konkret zu berechnen und der Gegenseite dies im Kündigungsschreiben mitzuteilen!

Gefahren bei der Stellenausschreibung

Mithilfe der folgenden kleinen Übung sollen Sie die potenziellen Gefahren, die eine Stellenausschreibung mit sich bringen kann, selbst erkennen:

> *Ist folgender Stellenausschreibungstext zulässig?*
>
> *„Für unser junges, dynamisches Team suchen wir zum nächstmöglichen Zeitpunkt eine sportliche und leistungsfähige Vollzeitschönheit. Sie sollte über Einsatzbereitschaft*

verfügen, evangelische Werte teilen und die deutsche Sprache in Wort und Schrift sicher beherrschen. Bewerbung mit Ganzkörperfoto an …"

Ihre Antwort wird sicherlich wie folgt ausgefallen sein:

- *„Für unser junges, dynamisches Team …"*
  = floskelhaft Werbung – hohes Diskriminierungspotenzial wegen Alter ohne Gegenwert
- *„sportlich …; … Ganzkörperfoto"*
  = Ausschluss behinderter Bewerber, ethnische Diskriminierung/ Fotonachfrage: nicht erlaubt
- *„… Vollzeitschönheit"*
  = Eventuell mittelbare Diskriminierung von Frauen beziehungsweise von Müttern (Vollzeit)/Männern
- *„… evangelische Werte teilen"*
  = außerhalb der Religionsgemeinschaft und ihrer Einrichtungen nicht gerechtfertigt
- *„… die deutsche Sprache in Wort und Schrift sicher beherrschen"*
  = nur zulässig, wenn Sie eine Sekretärin suchen

Jedem Unternehmen ist inzwischen bekannt, dass man bevorzugt ein (m/w) hinter der auszuschreibenden Position setzt, damit keine Gefahr der Diskriminierung eines Geschlechtes läuft. Den Ärzten unterlaufen diese Fehler leider noch immer oft, weil es extrem selten vorkommt, dass ein Mann sich ernsthaft als Arzthelfer bewirbt. Zumindest kenne ich keinen Arzt, der unsere Seminare besucht hat, wo sich je solch ein „Exot" beworben hätte. Eine moderne Arzthelferin möchte im Übrigen nicht mehr als Arzthelferin bezeichnet werden, sondern als Medizinische Fachkraft. – Auch hier scheint ständig das Rad neu erfunden werden zu wollen.

Das Gleiche gilt natürlich für sonstige Unternehmen, aber für Ärzte eigens zur Erinnerung:

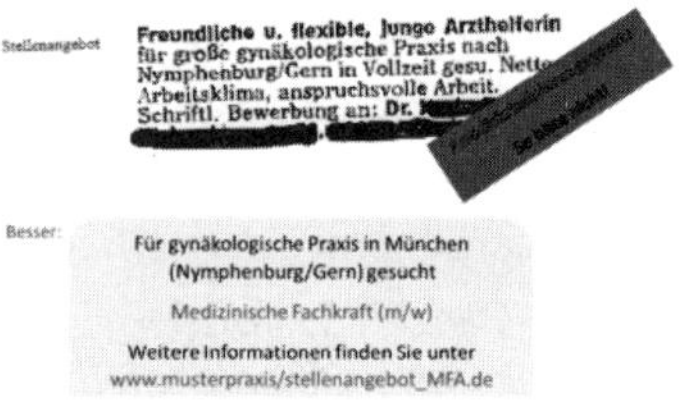

Zur Ihrer zusätzlichen Information: Ein Gerichtsurteil des Kölner Arbeitsgerichts (Az.: 9 Ca 4843/15) zeigt, dass unter Umständen die Diskriminierung eines Geschlechts dennoch zulässig sein kann: Ein Autohaus hatte sich zum Ziel gesetzt, seine einseitige männliche Verkäuferquote durch die Einstellung einer Verkäuferin zu ändern. Das Gericht stellte fest, dass ausnahmsweise eine eindeutige Benachteiligung des (in dem Fall männlichen) Geschlechtes zulässig sein kann, da der Arbeitgeber seinen Kunden Verkaufsberater beider Geschlechter zur Verfügung stellen wollte.

So sind Sie auf der richtigen Seite bei der Gestaltung von (Online-)Stellenanzeigen:

- Begrenzung der Bewerberzahl durch klare Formulierungen. Es kommt nicht auf die Quantität, sondern auf die Qualität an.
- Verwendung von diskriminierungsfreien Bewerberformularen (s. Ziele des Gesetzes)
- Keinen Bezug auf das Geschlecht nehmen (richtig zum Beispiel: Empfangsmitarbeiter/in oder: Empfangsmitarbeiter (m/w))

- Angabe von Gehaltspaket
- Erstbewerbung ohne Bild und Altersangaben
- Achtung Arztpraxen: Auch für sie gilt „keine Werbung" in der Stellenausschreibung.

Wie und wo schreibe ich die Stelle am besten aus?

Jeder, der schon einmal eine Stellenanzeige geschaltet hat oder sich auf dem Arbeitsmarkt in eigener Sache schlau gemacht hat, vermisst die Zeit, wo es nur zwei Tageszeitungen für Stellenangebote gab. Nämlich für den Süden Deutschlands die *Süddeutsche Zeitung* und für den Rest Deutschlands die *Frankfurter Allgemeine Zeitung*. Früher war es klar und einfach: Jedes Unternehmen wusste, wo die Anzeige für teures Geld zu schalten ist, und jeder Bewerber wusste, wo sie zu finden waren. Heute hingegen gibt es inzwischen so viele Online-Stellenportale (auch für teures Geld), dass die Bewerber nicht alle ausgeschriebenen Stellen finden können oder u. U. auch gar keine Lust mehr haben, sich durch diesen „Portaldschungel durchzuklicken". Sie haben neben dem Beruf nicht die Zeit und Nerven, stundenlang im Internet nach der eventuell passenden neuen Stelle zu suchen. Konsequenz: Hohe Ausschreibungskosten für eine kleine Bewerberanzahl, insbesondere weil die meisten Portale (von sich aus teuer) gegen Aufschläge on top die Anzeigen (fünfzehntägig) „refreshen", damit sie wieder auf Seite 1 für x Sekunden kommt, bis eben die nächste „refreshed" Anzeige sie wieder weiter nach unten katapultiert. Konsequenz: Die teuerste Anzeigenkategorie und der bekannteste

Markenarbeitgeber mit dem größten Rekrutierungsbudget haben die meisten Klicks. Ein großes Problem für kleine und mittelständische Betriebe, die sich solche Budgets nicht leisten können. Viele unserer Kunden beklagen gerade das und dass, wenn sie auf solch teuren Portalen Anzeigen schalten, die Resonanz sehr gering, die Quantität und die Bewerberqualität sehr dürftig seien.

Es kann hier leider kein Tipp gegeben werden, auf welchem Portal Sie eine Anzeige schalten sollten, aber es kann die Empfehlung ausgesprochen werden, Anzeigen möglichst nur in sehr branchenspezifischen Portalen zu schalten. Aber im Grunde sind auch solche Portale keine Erfolgsgaranten mehr und sie kosten stetig mehr.

Das Institut für Arbeitsmarkt- und Berufsforschung[106] hat 2015 13 000 Betriebe befragt, welche Such- und Besetzungswege sie zur Neueinstellung verwendet haben. Das Ergebnisse: Zur Rekrutierung verwendeten 52 % ihre eigene Homepage, gleich gefolgt mit 49 % von der Arbeitsagentur. Den meisten Erfolg, die Stelle neu zu besetzen, brachten jedoch die eigenen Kontakte (58 %), während „Social Media“ nur eine mäßige Erfolgsquote von 8 % aufweisen kann:

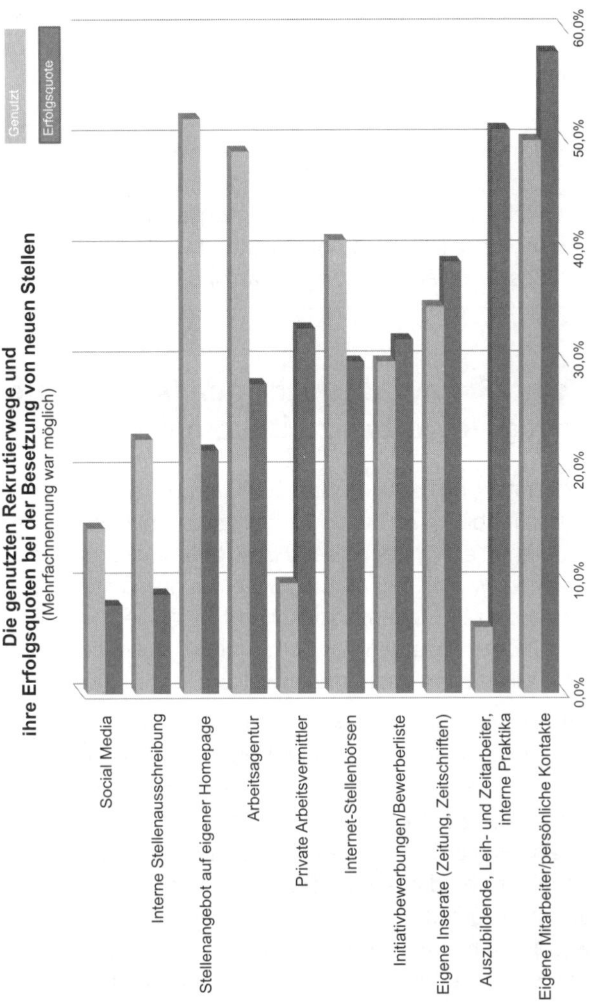
Die genutzten Rekrutierwege und
ihre Erfolgsquoten bei der Besetzung von neuen Stellen
(Mehrfachnennung war möglich)
Genutzt
Erfolgsquote
Social Media
Interne Stellenausschreibung
Stellenangebot auf eigener Homepage
Arbeitsagentur
Private Arbeitsvermittler
Internet-Stellenbörsen
Initiativbewerbungen/Bewerberliste
Eigene Inserate (Zeitung, Zeitschriften)
Auszubildende, Leih- und Zeitarbeiter, interne Praktika
Eigene Mitarbeiter/persönliche Kontakte
0,0%
10,0%
20,0%
30,0%
40,0%
50,0%
60,0%

Man kann nur hoffen, dass alle Arbeitsagenturen sich weiterhin als Servicecenter verstehen und ihre Kompetenzen weiter in diese Richtung ausbauen.

> Schalten Sie die Stellenanzeige auf Ihrer eigenen Homepage. Investieren Sie lieber in Google, um mit Ihrer eigenen Stellenanzeige im Ranking möglichst weit oben zu stehen. Vorteil: Ihre Homepage steigt wegen der (Bewerber-)Besucherzahl im Google-Ranking mit auf.

So sind Sie auf der richtigen Seite, kostengünstig Bewerber zu bekommen:

- Sicherstellung der Mindestqualifikation durch selektive Ausschreibung in bestimmten „zielgruppenrelevanten" Medien. Schwimmen Sie daher gegen den Strom und schalten wie früher altmodische kleine, kostengünstige Inserate in branchenspezifischen Magazinen, wo Sie wie im obigen Anzeigenbeispiel auf Ihre Stellenanzeige auf Ihrer eigenen Homepage verweisen.
- Schwimmen Sie mit dem Strom und bauen Sie sich Ihr eigenes Netzwerk auf: Verbreiten Sie Ihren eigenen Stellenangebots-Link (eigene Homepage) innerhalb Ihrer eigenen Sozial-Netzwerkseiten, wie Facebook, XING, LinkedIn usw. Bitten Sie Ihre Mitarbeiter um Unterstützung, vielleicht sind diese auch bereit, den Stellenangebots-Link auf ihren privaten Netzwerkseiten zu posten. Gehen Sie wieder zu Klassentreffen, Studientreffen und treten Sie in Clubs ein, die Ihnen helfen können, Kontakte zu anderen

Arbeitnehmern zu bekommen. Halten Sie sich mehr an die Devise: Eine Hand wäscht die andere. Gute Kontakte schaden nie, aber dürfen sich auch nie ausgenützt fühlen. Halten Sie es also wie die Römer: „Ich gebe, damit du gibst." Bedenken Sie dies stets und bieten Sie Ihre eigene Unterstützung von sich aus bei Bedarf an. Helfen Sie auch im Gegenzug, wenn Sie können. (Keine Einbahnstraßen!)

- Es empfiehlt sich außerdem, unternehmensübergreifende, branchenspezifische Frauennetzwerke zu unterstützen, um sich so sein Netzwerk zu den besten „Frauenköpfen" aufzubauen.
- Ein guter Draht zu einer Hochschule oder Universität kann das Nachwuchsproblem mildern. Auch die Universitäten/Hochschulen bieten an, Stellenanzeigen auf ihren Portalen zu schalten. Diese sind inzwischen nicht mehr gratis und zum Teil schon recht teuer.
- Wenn Sie Lehrlinge benötigen, bietet sich an, sich an Haupt-/Berufsschulen zu wenden und dort Stellenanzeigen aufzugeben.
- Trotz aller Vorurteile „kann ein blindes Huhn auch einmal ein Korn finden": Bei der Agentur für Arbeit können Sie Stellenanzeigen aufgeben. Die Jobportale der Arbeitsagenturen sowie von deren Kooperationspartnern stehen Ihnen zur Schaltung von Stellenanzeigen zur Verfügung. Einen Versuch ist es definitiv wert, da die Anzeigenschaltung kostenlos ist.
- Schreiben Sie in die Stellenanzeige auch die Vorzüge dieser Stelle. Wenn Sie zum Beispiel flexible Arbeitszeitmodelle anbieten, dann müssen Sie dies auch den Bewerbern kundtun.

So sind Sie auf der richtigen Seite beim Absagen von Bewerbern

Eigentlich gebietet es der Anstand, dass eine höfliche Absage erfolgt. Das sollte man zumindest meinen. In der gängigen Praxis hat sich leider zunehmend das überaus respektlose Schweigen gegenüber dem Bewerber, für den man sich nicht interessiert, zugenommen. An dieser Stelle möchte ich darauf hinweisen, dass es jedem von uns passieren kann, seinen Job zu verlieren, und es wäre traurig, wenn wir dann erst verstehen oder nachvollziehen können, dass dieses Verhalten mehr als respektlos ist. Behandeln Sie jeden Bewerber genauso, wie Sie selber behandelt werden möchten. Das muss das Credo Ihrer Mitarbeitersuche sein.

Die Bewerber geben sich in der Regel große Mühe (soweit sie können) und verbinden jeweils viel Hoffnung mit der Bewerbung. Eine Absage zu erhalten bedeutet zwar jedes Mal Frust für den Bewerber, aber wenigstens wurden der Fleiß und die Bewerbungsbemühung anerkannt. Arbeitslose benötigen außerdem das Absageschreiben als Nachweis für die Arbeitsagentur.

Insbesondere im Zeitalter des Internets sollten Sie zusätzlich auf den Imageschutz der Unternehmung achten und lieber Machiavellis Devise „Make a friend of you (your company)“ folgen: Als Niccoló Machiavelli den Tod nahen spürte, fand er es sicherer, um die letzte Wegzehrung zu bitten. Der Priester sagte zu ihm: „Mein Sohn, bereust du deine Sünden und schwörst du dem Teufel ab?“ Niccolò schwieg. Als auch die wiederholte Frage keinen Widerhall fand, hob der Priester die Stimme: „Das letzte Mal: Bereust du, schwörst du dem

Teufel ab?" Da antwortete Machiavelli: „Hochwürden, dies ist nicht der geeignete Augenblick, sich neue Feinde zu machen."

Ein enttäuschter Bewerber erzählt sein negatives Erlebnis bis zu 15 Mal weiter. Es kann durchaus sein, dass einer der 15 Personen ein Bestandskunde Ihres Unternehmens ist und die anderen 14 potenzielle Unternehmenskunden wären. Die 15 Personen erzählen bei Bedarf dann das ihnen Berichtete erneut weiter:

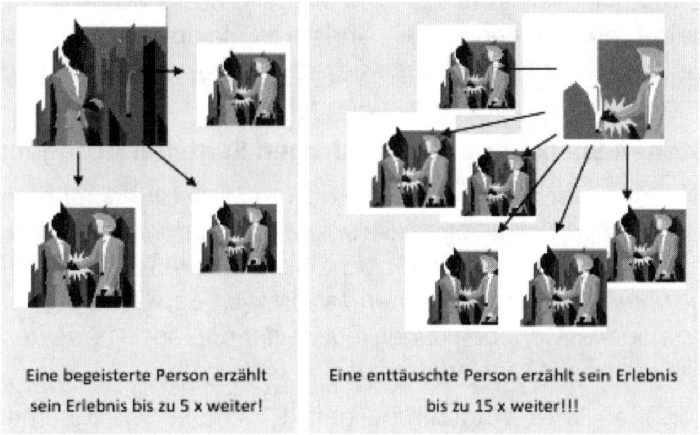

Gerade im Internetzeitalter sollte man das Unternehmen nicht unnötig in Gefahr bringen, ein potenzielles „Internet-Mobbingopfer" zu werden, nur weil die Anstandsregeln verletzt werden. Negative Mundpropaganda im Internet ist nicht aufzuhalten, kaum in Zahlen zu beziffern und der entstandene Schaden kann irreparabel sein, da es kaum etwas Schwierigeres gibt, als Negativpropaganda wieder aus dem

Netz zu bekommen: „(…) Wer Texte kommentiert, diskutiert oder sabotieren möchte, zieht dafür meist ins Internet um.(…) Ein Troll (…) so werden jene genannt, die es darauf anlegen, jede sinnvolle Interaktion in Kommentarspalten zunichte zu machen, (…) sie provozieren, diffamieren, intrigieren und sind meist in mehreren Medien zugleich unterwegs. (…) Hinter den 400 befragten anonymen Nutzernamen, (…) konnten etwa 6 % der Befragten als Trolle identifiziert werden. Ihre Persönlichkeitsprofile hätte jedem Psychiater Freude gemacht: Sie zeigten Anzeichen von Sadismus, Psychopathie, Narzissmus und Machiavellismus. Übersetzt: Sie hatten große Freude daran, andere zu manipulieren und zu verletzen. Außerdem waren sie rachsüchtig, gefühlskalt und von sich selbst überaus eingenommen."[107]

Stehen Sie lieber auf der richtigen Seite bei Absagen:

Definitiv falsch ist die Wahrheit: *„Ihre Bewerbung konnten wir nicht berücksichtigen: Sie erfüllen die Anforderungen an einen Controller überhaupt nicht, Sie haben miserable Zeugnisnoten und können keinen fehlerfreien Bewerbungsbrief schreiben. Wir geben daher lieber einer überaus eloquenten Frau mit hoher Zahlenaffinität den Vorzug."*

Absagen wie „Augenfarbe gefällt nicht" oder „Chemie stimmt nicht", wären theoretisch möglich, da diese nicht diskriminierend sind. Aber davon ist auch abzuraten.

Der beste und sicherste Weg, abzusagen:

„Leider konnten wir Ihre Bewerbung nicht berücksichtigen."

Checkliste: Die beste und sicherste Vorgehensweise

1. Eingangsbestätigung ohne Bezugnahme auf Inhalt
2. Möglichst kurz, neutral und ohne Begründung, um keine Angriffsfläche für mögliche Diskriminierung zu bieten
3. Möglichst keine mündlichen/telefonischen Auskünfte über Stand des Bewerbungsverfahrens
4. Auskünfte zentral bei einer (geschulten) Stelle bündeln und für entsprechende Dokumentation sorgen
5. Jedes eingegangene Anschreiben und Lebenslauf archivieren (hierzu siehe Kapitel Datenspeicherung von Bewerbungen)

- Erbitten Sie von jedem neu einzustellenden Mitarbeiter ein polizeiliches Führungszeugnis.
- Wenn Sie herausfinden möchten, wie viele Mitarbeiter Ihr Unternehmen sich leisten kann, dann können Sie dies leichter eruieren, indem Sie auf der Seite www.personalkostenrechner.de sich ausrechnen lassen, was der neue Mitarbeiter Sie genau kosten wird.
- Auf der Seite www.lohnspiegel.de können Sie herausfinden, welche Einkommensgruppe wie viel verdient, um den Marktpreis des Bewerbers besser einzuschätzen.

Hilfreiche Links

- www.integrationsaemter.de: Hier erhalten Sie alle Informationen bezüglich der Einstellung von Menschen mit Behinderung.
- www. personalkostenrechner.de: Hier erfahren Sie, was die Anstellung eines weiteren Mitarbeiters tatsächlich kostet.
- www.lohnspiegel.de: Hier können Sie herausfinden, welche Gehälter der Markt je Position bezahlt.
- www.destatis.de: Das Statistische Bundesamt zeigt, wie es wirklich um Deutschland bestellt ist (Achtung: Obwohl das Statistische Bundesamt durch Steuergelder finanziert wird, sind inzwischen nicht mehr alle Auswertungen kostenfrei zugänglich).
- www.dgc.de: Unternehmens-, Personalberatungs-, Seminarhaus.

Widmung und Danksagung

Für
Lothar Fischer

Dieses kleine Querdenkerbuch möchte ich meinem ältesten, liebsten Klienten, meinem Seelenfreund und Mentor Lothar Fischer widmen. An die Weisheit à la Lothar Fischer –„Finden Sie immer raus, mit wem Sie es zu tun haben, indem Sie Ihr Gegenüber nach seiner Familie befragen" – halte ich mich stets. Sie sind für mich „das Alpha-Tier", das es immer schafft, mich zu Höchstleistungen anzuspornen. Sie sind ein echtes Vorbild, wie es u. a. in diesem Buch beschrieben steht. Hinzu kommt, dass Sie ein großzügiger, lustiger und kluger Mensch sind. Danke auch für Ihr großes Herz, für Ihre stetige Unterstützung und dass Sie mir ein Freund geworden sind!

Mein Dank gilt dem Querdenker Dr. Ralph Obermaier, der mir die Informationen zum aktuellen deutschen Steuerrecht für dieses Querdenkerbuch überlassen hat. Mein Dank gilt außerdem meinem tollen Ehemann Marc Heise und meiner lieben Freundin Pia Wagner, die definitiv das Herz am rechten Fleck hat. Danke, dass ihr beide mich beim Schreiben dieses Buches so toll unterstützt und mir unermüdlich eure kritische Meinung kundgetan habt. Danken möchte ich auch Dr. med. Michael Koch, der meine rechte Hand wieder mobiler gemacht hat, ohne ihn hätte ich das Buch nicht beenden können. Ich möchte mich auch bei meinen Klienten bedanken, die mir seit über 13 Jahren die Treue halten. Für sie und für den Mittelstand habe ich eigens dieses Buch geschrieben, weil ich aufzeigen wollte, dass mit wenigen Mitteln viel bewegt und positiv verändert werden kann. Es ist nicht immer eine Frage des Budgets: Im Kleinen kann auch Großes erreicht werden!

Verwendete Literatur

Internetrecherchen:

- http://presseservice.chainrelations.de/ddi-deutschland-gmbh/lessons-for-leaders-fuehrungskraefte-versagen-im-zwischenmenschlichen-umgang
- https://de.statista.com/statistik/daten/studie/3261/umfrage/gender-pay-gap-in-deutschland
- www.de.statisticircacom: Burnout-Syndrom, Behinderte Menschen, Auf dem Weg zur Gleichstellung
- www.destatis.de, Gender Gap
- www.gallup.de: Gallup-Studie 2013 & 2014 & 2015
- www.genesis.destatis.de: Bevölkerung Deutschland, Altersjahre, Stichtag 31.12.2014
- www.tk.de: TK-Krankenkasse, TK-Studie Deutschland, 2015
- www.wikipedia.org: Definition Fürsorgepflicht, Geburtenzeiträume der 3 Generationen, Generation Y

Zeitungsartikel:

- Alexandra Borchart, Management nach Gefühl, Süddeutsche Zeitung, 03.04.2014, S. 19
- O.V. (2016 a), Arbeitslust statt Arbeitsfrust, Apotheken Umschau, 15.01.2016, S. 18
- O.V. (2016 b), Ruhestand: Mehr Rentner müssen arbeiten gehen, Die Welt vom 11.08.2016, S. 15
- O.V. (2015 a), Besser, Schneller… , Welt am Sonntag, 17.05.2015, S. 31
- O.V. (2015 b), Mobilität – Nur wenige würden für Lehrstellen in die Ferne ziehen, Die Welt, 27.06.2015, S. 11
- O.V. (2014), Renteneintritt Viele Ältere wollen früher in den Ruhestand, Die Welt, 27.06.2014, S. 11
- Christina Berndt, Zwergenaufstand, Süddeutsche Zeitung 01.06.2016, S. 10

- David Bedürftig, So tickt die Generation Z, Die Welt, 27.02.2016, S. 21
- DBK/NCK, In Deutschland gehen besonders viele Frauen arbeiten, Welt-Online, 07.03.2014
- DPA/NIDI, Zur vollen Zufriedenheit ist Note 3, Die Welt, 18.11.2014
- Fanny Jimenez, Wer nervt uns denn da?, Die Welt Kompakt 14.02.2014, S. 28
- Sabine Menkens, Es ist viel passiert, GUT ist es noch nicht, Die Welt, 05.07.2016, S. 8
- Sabine Menkens, Gerechtigkeit für die Familie, Die Welt, 15.09.2016, S. 4
- Inga Michler, Kollege Hochstapler, Die Welt, 22.07.2016, S. 17
- Stefan von Vorstel, Gute Arbeit ist Ansichtssache, Die Welt, 09.04.2014, S. 9
- Tillmann Warnecke, 7,5 Millionen Menschen können nicht richtig lesen und schreiben, Der Tagesspiegel, 28.11.2016
- Joseph S. HYE JR., Trumps Intelligenz, Die Welt, 09.09.2016, S. 2
- André Weihard, Der größte Gehaltstest, Focus Magazin Nr. 36/2014, S. 71–74
- Stephan Maas, Richtige Anreize, Die Welt, 08.04.2016
- Tobias Kaiser, Netter Versuch, Die Welt am Sonntag, 03.07.2016, S. 34
- Max Zimmermann, Aufreibender Krieg um Talente, Die Welt, 05.08.2016, S. 12

Broschüren/Pressemitteilungen:

- Bundesministerium für Arbeit und Soziales, Monitor Fachkraftsicherung und -bindung, Stand 12.10.2015, S. 4, 5, 9, 10, 11
- Bundesministerium für Wirtschaft und Energie, Gründer Zeiten 15, Personal, Ausgabe 05/2015, S. 5, 10, 11
- DATEV eG, „Trailog", 4/2016, Nürnberg, S. 5
- Martin Greßlin, Umgang mit Bewerbungsdaten – was geht und was geht nicht?, Betriebs-Berater, 20.01.2015, S. 117, 122

- Statistisches Bundesamt, Arbeitszeit von Frauen: ein Drittel Erwerbsarbeit, zwei Drittel unbezahlte Arbeit, Pressemitteilung vom 18.05.2015
- Statistisches Bundesamt, Auf dem Weg zur Gleichstellung?, Statistisches Bundesamt, Wiesbaden 2014, S. 9, 19

Bücher:

- Alex Miller, Strategic Management, Irwin/McGraw Hill, 1998, 3. Ausgabe
- Hackstein/ Nüssgen/ Uphus, „Personalwesen als eine primäre Führungsaufgabe, in: Fortschrittliche Betriebsführung", 1972
- Institut der Deutschen Wirtschaft, Deutschland in Zahlen 2016, Köln 2016, S. 7
- J. K. Galbraith, Die moderne Industriegesellschaft, Knaur Verlag, München 1974
- Kevin Dutton, Psycho Pathen, Deutscher Taschenbuch Verlag, München, 2014, 6. Auflage, S. 10–11
- Roland Leonhardt, Da stecken die Nullen drin!, Reclam, Stuttgart 2012, S. 141, 147–148, 133
- Statistisches Bundesamt, Statistisches Jahrbuch 2015, Wiesbaden 2015, S. 25, 343,348, 352, 371, 376
- Kurt Tucholsky, Zwischen Gestern und Morgen, Hamburg 1984, S. 75

Sonstige Quellen:

- DGC Deutsche Gesellschaft für angewandtes Controlling mbH, München
- Ralph Obermaier, 25 Tipps zur steuer- und sozialversicherungsrechtlichen Gehaltsoptimierung, ACTIO Revision und Treuhand GmbH, München 2016
- Schildberg & Höchstetter Rechts- und Fachanwälte, München 2016

Quellen

1 Zitiert aus: www.wikipedia.org; Definition Fürsorgepflicht.

2 Entnomen aus: http://de.statista.com/themen/161/burnout-syndrom.

3 Entnommen: http://de.statista.com/themen/161/burnout-syndrom.

4 Anmerkung: Aber vielleicht fangen alle Querdenker an, laut querzudenken, und können eine positive Wende einleiten (?).

5 Anmerkung: Seit wann es Sternzeichen gibt, weiß man nicht. Aber es ist bekannt, dass selbst die Inka und Maya an die Sternzeichen geglaubt haben.

6 Anmerkung: Calvin Coolidge war der 30. Präsident der USA (04.07.1872 bis 05.01.1933).

7 Quelle: Tendence, entnommen aus; o.V., „Besser, Schneller …", in Welt am Sonntag, 17.05.2015, S. 31.

8 Max Zimmermann, „Aufreibender Krieg um Talente", Die Welt, 05.08.2016, S. 12.

9 Bundesministerium für Arbeit und Soziales, Monitor Fachkraftsicherung und -bindung, Stand 12.10.2015, S. 4.

10 Roland Leonhardt, Da stecken die Nullen drin!, Reclam, Stuttgart, 2012, S. 141.

11 Information über die Geburtenzeiträume der vier Generationen entnommen aus www.wikipedia.de.

12 Statistisches Bundesamt, Statistisches Jahrbuch 2015, Wiesbaden 2015, S. 343.

13 O.V. (2016), Aus der Rubrik Kompakt; Ruhestand: Mehr Rentner müssen arbeiten gehen, Die Welt, 11.08.2016, S. 15.

14 Bundesministerium für Arbeit und Soziales, Monitor Fachkräftesicherung, 12.10.2015, S. 5.

15 Grafik entnommen: Statistisches Bundesamt, Statistisches Jahrbuch 2013, Wiesbaden 2015, S. 25.

16 Roland Leonhardt, Da stecken die Nullen drin!, Reclam, Stuttgart, 2012, S. 147–148.

17 Alexandra Borchart, „Management nach Gefühl", Süddeutsche Zeitung, 03.04.2014, S. 19.

18 Alexandra Borchart, „Management nach Gefühl", Süddeutsche Zeitung, 03.04.2014, S. 19.

[19] Zitat: Prof. Isabell Welpe, entnommen aus Alexandra Borchart, „Management nach Gefühl", Süddeutsche Zeitung, 03.04.2014, S. 19.
[20] Roland Leonhardt, Da stecken die Nullen drin!, Reclam, Stuttgart, 2012, S. 133.
[21] DGC Deutsche Gesellschaft für angewandtes Controlling, www.dgc.de.
[22] Bundesministerium für Arbeit und Soziales, Monitor Fachkräftesicherung und -bindung, 12.10.2015, S. 10.
[23] Joseph S. NYE JR., Trumps Intelligenz, Die Welt, 09.09.2016, S. 2.
[24] Anmerkung: Wichtig beim Aussprechen von Lob und Kritik ist das Einhalten des 4-Augen-Prinzipes (s. Kapitel Demotivation und Motivation).
[25] Quelle: IZF-Führungs-Studie, entnommen: o.V. „Arbeitslust statt Arbeitsfrust", in: Apotheken Umschau, 15.01.2016, S. 18. (nicht in Print-Version)
[26] DGC Deutsche Gesellschaft für angewandtes Controlling, www.dgc.de.
[27] Gallup-Studie, Stand 2015, befragt wurden 2034 Arbeitnehmer ab 18 Jahren.
[28] Gallup-Studie 2014, Gallup Engagement Index 2014, Internationaler Vergleich, www.gallup.de.
[29] Achtung: Nicht alles, was glänzt, ist Gold, siehe Kapitel Servicepolitik des Arbeitgebers für Arbeitnehmer.
[30] Gallup-Studie 2014, Fluktuationsneigung und die damit verbunden Fluktuationskosten, S. 43.
[31] Stefan v. Vorstel, „Gute Arbeit ist Ansichtssache", in: Die Welt 09.04.2014, S. 9. Es wurden 5800 Beschäftigte befragt.
[32] Gallup-Studie, Stand 2013.
[33] TK-Krankenkasse: Studie Deutschland 2015.
[34] Quelle: TK-Studie Deutschland 2015.
[35] Stefan v. Vorstel, Gute Arbeit ist Ansichtssache, Die Welt, 09.04.2014, S. 9.
[36] DGB-Index, es wurden 5800 Beschäftigte befragt. Entnommen aus Stefan v. Vorstel, Gute Arbeit ist Ansichtssache, Die Welt, 09.04.2014, S. 9.
[37] Stefan v. Vorstel, „Gute Arbeit ist Ansichtssache", in: Die Welt, 09.04.2014, S. 9.
[38] Stefan v. Vorstel, „Gute Arbeit ist Ansichtssache", in Die Welt, 09.04.2014, S. 9.
[39] Stefan v. Vorstel, „Die Wahrheit über die Armut in Deutschland", in: Die Welt-Online, 19.02.2015.

[40] Statistisches Bundesamt, Statistisches Jahrbuch 2015, Wiesbaden 2015, S. 371.
[41] Bundesministerium für Arbeit und Soziales, Monitor Fachkräftesicherung und -bindung, 12.10.2015, S. 11.
[42] TK-Krankenkasse Studie 2015.
[43] Quelle Grafik: DDI-Studie „Lessons for Leaders from the People Who Matters", 2011–2012.
[44] Stefan v. Vorstel, „Gute Arbeit ist Ansichtssache", in: Die Welt 09.04.2014, S. 9. Anmerkung: Es wurden 5800 Beschäftigte befragt.
[45] Hackstein/Nüssgen/Uphus, „Personalwesen als eine primäre Führungsaufgabe", in: Fortschrittliche Betriebsführung, 1972.
[46] J. K. Galbraith, Die moderne Industriegesellschaft, Knaur Verlag, 1974.
[47] O.V., „Besser, Schneller…", in: Welt am Sonntag, vom 17.05.2015, S. 31.
[48] O.V., „Besser, Schneller…", in: Welt am Sonntag, vom 17.05.2015, S. 31.
[49] Anmerkung: Im Englischen wird Y ausgesprochen wie why, „warum. Diese Generation gilt als Hinterfrager-Generation.
[50] Christina Berndt, „Zwergenaufstand", in: Süddeutsche Zeitung vom 01.06.2016, S. 10.
[51] David Bedürftig, So tickt die Generation Z, Die Welt, 27.02.2016, S. 21.
[52] David Bedürftig, „So tickt die Generation Z", in: Die Welt vom 27.02.2016, S. 21.
[53] Zahlen entnommen: www.genesis.destatis.de, Bevölkerung: Deutschland, Altersjahre, Stichtag 31.12.2014. Zusammenführung der Zahlen in eine Grafik erfolgte durch die Autorin. Es wurden extra die Bevölkerungszahlen von 2014 und nicht von 2015 genommen, da die große Zuwanderung 2015 die Zahl der potenziell wirklich einsetzbaren Fachkräfte (mit Deutschkenntnissen, in der EU akzeptierten Ausbildungsabschlüssen usw.) verwässert hätte.
[54] Christina Berndt, „Zwergenaufstand", in: Süddeutsche Zeitung vom 01.06.2016, S. 10.
[55] Zahlen entnommen vom Statistischen Bundesamt, www.destatis.de, Behinderte Menschen.
[56] Statistisches Bundesamt, Statistisches Jahrbuch 2015, Wiesbaden 2015, S. 343.

57 Bundesministerium für Arbeit und Soziales, Monitor Fachkräftesicherung und -bindung, 12.10.2015, S. 9.
58 Institut der Deutschen Wirtschaft, Deutschland in Zahlen 2016, Köln 2016, S. 7. (Anmerkung: Zusammenführung der Zahlen in eine Grafik erfolgte durch die Autorin.)
59 O.V. (2014), Renteneintritt: Viele Ältere wollen früher in den Ruhestand, in Die Welt vom 27.06.2014, S. 11 (Anmerkung: Zahlen hat der unbekannte Autor entnommen vom BIBB, Ausgabe 01/2014).
60 Stefan v. Vorstel, „Gute Arbeit ist Ansichtssache", in: Die Welt vom 09.04.2014, S. 9. (Anmerkung: Es wurden 5800 Beschäftigte befragt.)
61 Wikipedia, Generation Y.
62 Anmerkung: HSBA Hamburger School of Business Administration.
63 O.V. (2015), „Mobilität – Nur wenige würden für Lehrstellen in die Ferne ziehen", in: Die Welt vom 27.06.2015, S. 11.
64 Statistisches Bundesamt, www.de.statista.com.
65 Statistisches Bundesamt, Auf dem Weg zur Gleichstellung?, Wiesbaden 2014, S. 19.
66 Statistisches Bundesamt, Statistisches Jahrbuch 2015, Wiesbaden 2015, S. 348.
67 DBK/NCK, „In Deutschland gehen besonders viele Frauen arbeiten", in: Welt-Online, 07.03.2014.
68 Statistisches Bundesamt, www.destatis.de.
69 Statistisches Bundesamt, Arbeitszeit von Frauen: ein Drittel Erwerbsarbeit, zwei Drittel unbezahlte Arbeit, Pressemitteilung vom 18.05.2015.
70 Statistisches Bundesamt, Statistisches Jahrbuch 2015, Wiesbaden 2015, S. 352.
71 Statistisches Bundesamt, Statistisches Jahrbuch 2015, Wiesbaden 2015, S. 343.
72 DBK/NCK, In Deutschland gehen besonders viele Frauen arbeiten, Welt-Online, 07.03.2014.
73 Statistisches Bundesamt, Auf dem Weg zur Gleichstellung?, Wiesbaden 2014, S. 9.
74 Sabine Menkens, Gerechtigkeit für Familie, Die Welt, 15.09.2016, S. 4.
75 Statistisches Bundesamt, Statistisches Jahrbuch 2015, Wiesbaden 2015, S. 376.
76 Statistisches Bundesamt, Gender Gap, www.destatis.de, 19.09.2016.

77 Statistisches Bundesamt, Gender Gap, www.destatis.de, 19.09.2016
78 André Weihard, Der größte Gehaltstest, Focus Magazin, Nr. 36, 2014, S. 71-74.
79 Sabine Menkens, „Es ist viel passiert, GUT ist es noch nicht", in: Die Welt vom 05.07.2016, S. 8.
80 Zahlen entnommen vom Statistischen Bundesamt, www.destatis.de,Behinderte Menschen.
81 Bundesministerium für Wirtschaft und Energie, Gründer Zeiten 15, Personal, 05/2015, S. 10.
82 Kontaktdaten zum Integrationsamt je Bundesland können gefunden werden unter www.integrationsaemter.de/kontakt.
83 Bundesministerium für Wirtschaft und Energie, Gründer Zeiten 15, Personal, 05/2015, S. 10.
84 Bundesministerium für Wirtschaft und Energie, Gründer Zeiten 15, Personal, 05/2015, S. 11.
85 Alex Miller, Strategic Management, McGraw Hill, 3.A., 1998.
86 Roland Leonhardt, Da stecken die Nullen drin!, Reclam, Stuttgart, 2012, S. 141.
87 DGC Deutsche Gesellschaft für angewandtes Controlling, www.dgc.de
88 Bundesministerium für Arbeit und Soziales, Monitor Fachkräftesicherung und -bindung, 12.10.2015, S. 10.
89 DGC Deutsche Gesellschaft für angewandtes Controlling, www.dgc.de.
90 Stephan Maass, „Richtige Anreize", in: Die Welt vom 08.04.2016.
91 R. Obermaier, 25 Tipps zur steuer- und sozialversicherungsrechtlichen Gehaltsoptimierung, Präsentation der ACTIO Revision und Treuhand GmbH, München 2016 (www.actio.de).
92 DATEV eG (2016), „Trialog" 4/2016, S. 5, Nürnberg.
93 Abbildung entnommen aus: Kevin Dutton, Psychopathen, Deutscher Taschenbuch Verlag, 6. Auflage 2014, S. 13.
94 Kurt Tucholsky, Zwischen Gestern und Morgen, Hamburg, 1984, S. 75.
95 Martin Greßlin, Umgang mit Bewerberdaten – was geht und was geht nicht? In: Betriebs-Berater, vom 12.01.2015, S. 117.
96 Martin Greßlin, Umgang mit Bewerberdaten – was geht und was geht nicht? In:

Betriebs-Berater, 12.01.2015, S. 122.

[97] Inga Michler (2016), Kollege Hochstapler, in: DIE WELT, vom 22.07.2016, S. 17.

[98] TV-Sender und Programm nicht mehr bekannt

[99] Tobias Kaiser, „Netter Versuch", in: Welt am Sonntag, vom 03.07.2016, S. 34.

[100] Tobias Kaiser, „Netter Versuch", in: Welt am Sonntag, 03.07.2016, S. 34.

[101] Tobias Kaiser, „Netter Versuch", in: Welt am Sonntag, vom 03.07.2016, S. 34.

[102] DPA/NIDI, „Zur vollen Zufriedenheit ist Note 3", in: Die Welt, vom 18.11.2014.

[103] Kevin Dutton, Psychopathen, Deutscher Taschenbuch Verlag, München, 2014, 6. Auflage, S. 10–11.

[104] Quelle: Jörg Schildberg, Schildberg & Höchstetter Rechts- und Fachanwälte, München 2016. Anmerkung der Autorin: Das wohl berühmteste Fallbeispiel in jüngster Zeit ist die ehemalige SPD Abgeordnete Petra Hinz, die vorab Abitur und ein juristisches Studium absolviert zu haben und 2016 aufflog.

[105] Bundesministerium für Wirtschaft und Energie, Gründer Zeiten 15, Personal, 05/2015, S. 5.

[106] Zahlen zur Erstellung der Grafik wurden entnommen: IAB-Kurzbericht 4/2016, Stellen werden häufiger über persönliche Kontakte besetzt.

[107] Fanny Jimenez, „Wer nervt uns denn da?", in: Die Welt Kompakt vom 14.02.2014, S. 28.

Impressum:
Verlag C. H. Beck im Internet: www.beck.de
ISBN: 978-3-406-70180-1

Wilhelmstraße 9, 80801 München
Satz: Fotosatz Buck, Kumhausen
Druck und Bindung: Beltz Bad Langensalza GmbH,
Neustädter Str. 1–4, 99947 Bad Langensalza
Umschlaggestaltung: Ralph Zimmermann – Bureau Parapluie
Umschlagbild: © pressmaster-depositphotos.de
Gedruckt auf säurefreiem, alterungsbeständigem Papier
(hergestellt aus chlorfrei gebleichtem Zellstoff)